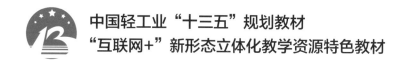

中国轻工业"十三五"规划教材
"互联网+"新形态立体化教学资源特色教材

UI 设计

User Interface Design

肖 勇 杜治方 编著

注意：

本教材的 PPT 课件及教学视频
需通过手机扫二维码获得，建议
手机扫码后转计算机上阅读。

U0242017

中国轻工业出版社

图书在版编目（CIP）数据

UI设计 / 肖勇，杜治方编著. —北京：中国轻工业
出版社，2024.1

ISBN 978-7-5184-1996-8

Ⅰ.①U… Ⅱ.①肖… ②杜… Ⅲ.①人机界面—程序
设计 Ⅳ.①TP311.1

中国版本图书馆CIP数据核字（2018）第130507号

内 容 提 要

本书全面讲述了UI设计概述、设计流程、构成元素以及设计要素等内容，分别针对UI在
硬件界面和软件界面的设计类型，结合案例归纳整理，最后对UI界面的交互性进行整体分析。
配合细致案例步骤，根据不同绘制软件的制作方法和技巧，对常见UI设计流程进行了详细的
剖析。本书用语清晰简洁，结合实用的UI设计案例，使读者在掌握概念知识的同时，能够对
UI设计和制作有一定实际操作能力。本书适合作为普通高等院校艺术设计等专业教材，同时
也对UI设计爱好者、从业者有较高的可读性和参考价值。

本书每章有PPT课件，对操作案例有同步教学视频。

责任编辑：王　淳　徐　琪　　责任终审：孟寿萱
整体设计：锋尚设计　　　　　　责任校对：晋　洁　责任监印：张京华

出版发行：中国轻工业出版社（北京鲁谷东街5号，邮编：100040）

印　　刷：北京博海升彩色印刷有限公司

经　　销：各地新华书店

版　　次：2024年1月第1版第6次印刷

开　　本：889×1194　1/16　印张：9

字　　数：250千字

书　　号：ISBN 978-7-5184-1996-8　定价：49.80元

邮购电话：010-85119873

发行电话：010-85119832　010-85119912

网　　址：http://www.chlip.com.cn

Email：club@chlip.com.cn

前言 PREFACE

随着现代科技的不断发展，信息传播与接收在各行各业中都起到至关重要的作用，人们对信息的体验感也越来越重视。UI设计是对电子产品的视觉审美、功能操作、界面环境等多个方面的整体设计，以此让用户在使用过程中达到最佳体验效果。如今，日常生活中的方方面面都能唤起用户体验感，这对于生活质量有很重要的指导性。如各类屏幕上的时间和天气信息、具有消息提醒功能的呼吸灯、汽车导航中指示方向的指针等。这些设计元素以各种各样的形式展现在我们面前，灵活多变地为我们传递信息，也为我们更快速有效地接收信息。

本书针对交互式设计行业现状，将理论知识与实际案例相结合，对UI设计进行全面且详细地讲解。UI市场需求量越来越大，从业者数量激增，UI设计也逐渐开始横向发展，成为交互式设计。由于电子设备与互联网科技的发展趋势无法阻挡，无论是在电脑中浏览网页，还是用手机支付消费，这些都是UI设计师对画面、语言、操作等逻辑分析，一步步设计得来的成果。同样受互联网时代崛起的影响，为加快信息发展脚步，许多其他领域也纷纷和UI设计行业相交融，在加强竞争力的同时也拓宽了UI设计就业门路，具有高专业素养的UI设计师成为了交互开发行业背后的支柱。即使是这样，UI设计的发展也不会停滞，因为这要得益于现代设计中的信息通透度，它会根据互联网的发展节奏逐步调整模式和方向。

本书从界面交互的角度出发，引导读者理解和思考UI设计的基本理念，针对不同类型的UI类型分案例剖析，配以详细步骤图来介绍制作方法，深入浅出地对UI设计进行全面讲解。有启发性地培养读者独立的创作思维，使读者的专业能力得到全面提高。

本书在编写过程中得到了：袁朗、代曦、毛颖、张雪灵、马振轩、张锐、马宝怡、赵思茅、杨静、杨红忠、宋晓妹、黄晓锋、胡文秀、李锋、窦真、张心如、汪飞、汪楠、王涛、史凡娟、赵祎、马文丹、李帅、曹玉红、董文博、汤留泉、祝旭东、张文轩等同事、同行的支持，感谢他们提供素材、资料。

肖勇
2019年1月

目 录
CONTENTS

第一章　UI设计概述

第二章　UI设计流程

学习难度：★☆☆☆☆
重点概念：基本概念、构成原则、发展状况

PPT 课件，请在计算机里阅读

◁ 章节导读

在手机上浏览网页和下载软件、在电脑上新建文件夹和清空回收站，所有在电子设备上进行操作的行为，都离不开UI设计。UI也就是用户界面，用户界面分为硬件界面设计和软件界面设计。例如，在电脑USB接口插入U盘后，桌面显示的小图标，这就属于硬件界面的交互设计。地图类软件里的道路导航则属于软件界面的交互设计。然而无论是什么样的界面交互，其中的根本意义都是为人机之间信息输入与输出服务，它们都要遵循界面美观整洁和操作逻辑无误的基本原则（图1-1）。

图1-1　中国美术馆网站设计 2013　设计师：陈慰平

第一节　概念与定义

UI设计在移动互联网时代已成为行业热词。UI（User Interface）是指对软件的人机交互、操作逻辑、界面美观的整体设计，也称为界面设计，界面中视觉效果设计仅仅是UI设计中较为片面的小部分内容。UI设计所包含的不只有"用户"与"界面"这两部分，它在概念上的涵盖面非常广阔，是一个很完整的交互关系体系。其中涉及的部分可细分为界面内容设计、交互体验设计、可用性设计等多个方面，人体工程学和市场上的商业模式都是UI设计需要考虑的因素。

不同应用的画面场景设计和针对用户分别设计操作等都是UI设计过程中至关重要的部分，对于作品的可用性它们甚至起到了决定性作用。经常见到的网页和软件中不乏人机交互、信息传输、界面操作等环节，编码设计在界面操作和信息传输间负责链接与加载，其他起引导作用的元素则属于视觉界面设计。

总而言之，"用户"和"界面"是UI设计的两个基本因素，而为了使这两者之间的关联变得更加紧密自然，就要用交互设计使用户体验界面的操作过程变得更简洁、轻松、舒适。UI设计在界面中除了能起到美化界面的作用，它还可以根据用户的使用习惯领会用户意图，减少用户的操作步骤（图1-2）。

用户界面在生活中随处可见，常见的功能展示页面、注册登录页面、手机游戏操作界面等都属于用户界面。UI存在于电脑、智能手机、智能手表和各种类型的显示终端上（图1-3、图1-4）。

图1-2　CCTV11官方客户端App和唱戏吧App 2013
设计师：李文龙

图1-3　企业级产品VI互联网安全态势感知中心大屏设计
2018　设计师：田媛

图1-4　Ticwatch 二代表盘主题设计
2016　设计师：田媛、黄迪、徐慧媛

第二节　UI的构成原则

交互（程序）设计、界面操作、用户体验为UI设计的三要素，UI的构成原则同样离不开这三个方面，研究产品针对不同用户的可用性，参考用户的操作习惯来进行界面设计。界面操作设计主要为增强人与显示端之间的交互，以加强界面的易用性，通过界面设计能够给用户带来轻松愉悦的视觉体验（图1-5）。

一、交互设计

交互设计（Interaction Design）的主要研究方向是系统界面与用户操作之间的关系。概括地讲，就是人与系统如何对话。交互设计是一种为保证用户、操作、系统之间行为协调的手段，不同于传统的设计学科相较而言更注重外形元素，交互设计的主旨是增强产品的易用性。常见的系统界面包括计算机设备、手机操作系统和软件等。早在20世纪80年代，交互设计便以一门独立学科的形式出现在人们日常生活中，被尊称为现代笔记本之父的比尔·莫格里奇是这门学科的创始人。

交互设计是产品研发过程中重要的一环节，设计师通过探究使用者的操作心理，分析互动理念的逻辑和原则，对产品针对人群进行定位，并准确预测出操作环节中可能会掺杂到的因素，以此来完成设计过程。设计的初衷是基于用户需求之上的，它的互动机制及理念不能违背使用者的意愿。

既然交互设计的初衷是为了服务于用户，那么设计师在设计时也有必要将用户体验交互设计过程的愉悦性考虑在内，如果界面中的操作过于繁琐和复杂，用户无法通过对产品的认知高效快捷的进行操作，那么这个过程必然是不理想的。所以为保证用户享受体验过程，交互设计师应该遵循以人性化为核心的设计理念。

交互设计注重形式的内容表达，在初步研究、实验以及后期测试环节中，需要和不同领域的专业人员交流沟通，以达到交互方式更容易为大众接受的设计方案。交互设计的涵盖面非常广，在艺术设计、人体工程学、心理学等多个领域都有涵盖。设计师需要从各方面进行参考，整理设计思路，完善交互操作流程（图1-6）。

图1-5　元素构成

（a）

（b）

图1-6　交互设计

二、界面操作设计

界面操作设计在交互中是非常重要的一部分，从审美的角度来看，界面就像产品的包装设计一样起到美观的作用，在视觉上制造卖点；从实用性来看，交互体验的好坏很大程度取决于界面操作逻辑。界面是用户面对产品时，最直观的对象，也是获取信息，发出指令的源头。

例如，图1-7中的地铁自动售票机：分区域划分了操作板块，路线流程图作为最主要的展示部分占据了很大板块，用户可通过点击界面下方的路线按钮查看不同出行方案，方便操作者查看所需路线信息。考虑到大部分市民习惯右手操作，所以将确认购票、购

图1-7　操作界面

票张数等选项放置在界面右侧，另外界面中也含有实时日期时间和语言切换板块。即使是生活中普通的操作终端，其交互设计原理也并不肤浅，其中有很多细节都是经得起推敲的，例如，界面中当前查看路线和未选择路线的按钮颜色不相同，这便是设计师在为用户操作时视觉体验更佳、界面各项元素更清晰的科学性设计。

由此可见，界面操作设计的主要因素取决于互动性，它的设计理念从实用环境出发，定位操作者的使用习惯和方式，各环节统一，才能将界面与用户紧密相连。

UI构成原则很大程度取决于界面操作的完善程度，在人与操作设备的交互过程中，视觉是传递信息的第一媒介。用户与设备界面之间的交互包含视觉、听觉、触觉等多方面体验，在某些环境下上升到了心理情感的层次（图1-8）。

界面操作设计以服务用户为原则，其中涵盖了心理学、符号学、设计学等。界面元素的排列位置既要使界面看起来外观一致，也要做到符合用户的操作心理。UI行业伴随着各类操作终端快节奏的更新换代，从网页到移动端的软件界面设计，让UI的操作界面越来越多元化，发展至今其中的元素不乏图像、文字、视频、动画类的各种新媒体的形式。另外，决定用户体验感的因素也不单单取决于软件界面。硬件设备的

处理信息效率和造型也是交互设计中需要考虑到的重要因素之一，例如，在面对一台配置较低的电脑时，用户会有选择的进行交互操作。无论是硬件设备还是软件界面，其操作设计的理念都是为给用户带来更愉悦的使用环境（图1-9）。

三、用户体验设计

无论是交互设计还是界面操作设计，其服务宗旨都是以用户体验为根本原则。用户研究包含了可用性和审美性这两个因素。可用性是指设计师在设计交互元素时，需要选择一些更容易为用户所使用以及便于记忆的界面系统，通过发觉操作者的交互目的，开辟出更加贴合用户特征的设计思路和方法，为达到这样的设计目的，需要了解市场环境和各类关于心理学、设计学、工程学的专业知识。审美性是从视觉上出发思考，运用色彩配搭，辅助元素造型给用户带来视觉上的交互享受，好的交互设计师会给用户带来更好的体验，会站在用

（a）　　　　　　　　　　　　　　　　（b）

图1-8　界面交互

图1-9　交互方式

户的角度反向思考，这款产品在被使用时，有哪些需求会被更多的发掘，有哪些功能反而会为操作带来不便，有哪些元素会引起视觉上的冲突或太过于相似，使用户难以区分，这些细节因素容易被忽略，却都是提高用户体验中的关键点。以人文素养为基石、以用户心理为依据、以操作环境为要点，产品的开发和设计前期充分考虑这三方面因素，才能够把用户对交互功能的期望和要求，充分与交互对象相融合，完善该产品设计在企业中的新概念（图1-10）。

预判交互中用户体验是否成功的衡量标准很大一部分取决于产品在被用户在有针对性环境下使用时，能否有时效性地发挥出其用途，这样预判操作者对交互过程的满意程度，是非常必要的检查。比如用户使用一个产品时，该产品的易学程度会直接影响到体验过程的质量，这一点对特定人群的产品来说，是有难度的，设计师想要做到完全感同身受，事无巨细地了解特定人群才会出现的操作需求和心理诉求，需要花

图1-10　智能科技

费相当大的功夫查阅资料，后期对设计的调整也是繁琐反复。这是UI设计成败的关键，却不是能影响最终效果的唯一因素，设计师从换位思考的角度延伸，还要思考产品框架逻辑和完整性，才能达到预期的交互理念（图1-11）。

图1-11　场景交互

第三节　UI的视觉要素

在人与界面的交互过程中，视觉是传递讯息的第一感官，当用户面对界面时，通常会下意识用先入为主的视觉体验来判断界面的好坏，于是UI的展示效果成为设计中的主要环节。影响视觉效果的因素非常多，例如形状：三角形通常给人以稳定、牢固的影响，圆形给人以活泼、灵巧的视觉感受。这些都是设计师在设计UI元素时需要充分考虑的。良好的UI设计具有符合应用环境的个性和品味，视觉上的体验同样具有使产品的操作更为舒适、简单、自由的效果，产品处于不同的环境，面对不同的用户群体，其界面设计的风格样式也都应该是不同的。很多元素呈现在视觉中都会给人以不同的心理感受，例如色彩：色彩在

心理学中的暗示作用，如表1-1所示。

选择合适的UI样式和风格配色，可减少用户的负担和麻烦，避免对用户造成误导。如图1-12的游戏界面中UI元素的色彩选择偏冷，明暗划分清晰，为界面营造出神秘、庄重的气氛。

在样式的选择上可以适当穿插一些矢量图标的UI元素（图1-13），在含有数据分析的页面中，穿插图标类元素对用户获取信息的便捷性有很大提高，同时页面看起来也更加严谨。

UI的视觉元素是交互设计中的一项基础工程，通过视觉，人和动物感知外界物体的大小、明暗、颜色、动静，获得对机体生存具有重要意义的各种信

表1-1　色彩心理学

序号	色彩	表示状态
1	红色	活泼、张扬，容易鼓舞勇气，同时也很容易生气，情绪波动较大，西方以此作为战士象征牺牲之意，东方则代表吉祥、乐观、喜庆之意，红色也有警示的意思
2	橙色	时尚、青春、动感，有种让人活力四射的感觉，炽烈之生命，太阳光也是橙色
3	蓝色	宁静、自由、清新，欧洲为对国家之忠诚象征，很多护士服是蓝色的，海军服装是海蓝色的，深蓝也可代表孤傲、忧郁、寡言，浅蓝色代表天真、纯洁
4	绿色	清新、健康、希望，是生命的象征，代表安全、平静、舒适之感，在四季分明之地方，如见到春天之树木、有绿色的嫩叶，看了会使人有新生之感
5	紫色	可爱、神秘、高贵、优雅，也代表着非凡的地位，一般人喜欢淡紫色，有愉快之感，青紫一般人都不喜欢，不易产生美感，紫色有高贵高雅的寓意，神秘感十足
6	黑色	深沉、压迫、庄重、神秘、无情色，是白色的对比色，有一种让人感到黑暗的感觉，如和其他颜色相配合含有集中和重心感，在西方用于正式场合
7	灰色	高雅、朴素、沉稳，代表寂寞、冷淡、拜金主义，灰色使人有现实感，也给人以稳重安定的感觉
8	白色	清爽、无瑕、冰雪、简单、无情，是黑色的对比色，具有纯洁之感，及轻松、愉悦、浓厚之白色会有壮大之感觉，有种冬天的气息
9	粉红	可爱、温馨、娇嫩、青春、明快、浪漫、愉快，但对以不同的人感觉也不同，如果搭配得好会让人感到温馨，没有搭配好会让感到压抑
10	黄色	黄色的灿烂、辉煌，有着太阳般的光辉，象征着照亮黑暗的智慧之光，黄色有着金色的光芒，有象征着财富和权利，它是骄傲的色彩
11	棕色	代表健壮，与其他色不发生冲突，有耐劳、沉稳、暗淡之情，因于土地颜色相近，跟给人可靠、朴实的感觉

息，至少有80%以上的外界信息经视觉获得，视觉是人和动物最重要的感觉（图1-14）。

视觉要素中要注意调整各元素之间的一致。以用户体验为设计原则，即便是审美风格的界面，也应该具有直观、简洁的视觉效果。交互界面中常涵盖多个元素，不同元素之间的交互目标需要互不干扰。UI元素的外观是否和谐统一会直接影响用户的交互效果。同一类型的应用环境采用统一样式的格局，这样可以起到维护用户的思路，减少界面切换时的脱离性，提高交互体验的轻松感。

在具有特定功能的分散元素之间，统一性是UI设计规范之一。例如，界面中键盘按钮的设计，在用户操作时，相同类型的按键在接收到用户操作时，所触发相应的行为事件需要保持一致。触发效果一致不是键盘按键仅有的特性，每个字母和数字按键的样式结构也必须做到清晰一致。并与界面环境的

风格相统一，为用户方便操作的同时，也不会产生跳跃的视觉效果（图1-15）。

当界面中穿插一些矢量图、表格等元素时，准确度也是界面视觉要素的设计关键。标记、缩写和颜色各种信息做到一致，元素所显示信息的含义必须非常清楚，用户不必通过其他途径自行梳理信息源。另外设计这类UI元素时需要注重可读性和空间和对比，以及与文本数据之间的连贯性。

无论是矢量图还是表格，创作都需要基于元素合理性，这也是基本的界面设计规范。在UI设计中，布局的合理化需要充分考虑，能够做到通过识别用户操作习惯达到元素具有跟随文本，引导用户浏览的作用。另外避免矢量图的放置过于集中，造成用户读图视觉疲劳的弊端。适当将文本中的一些数据内容整合处理，具有保持界面简洁，并提高用户对应用专业性认知的作用（图1-16）。

图1-12　游戏界面

图1-13　矢量图标

图1-14　视觉元素

图1-15　键盘设计

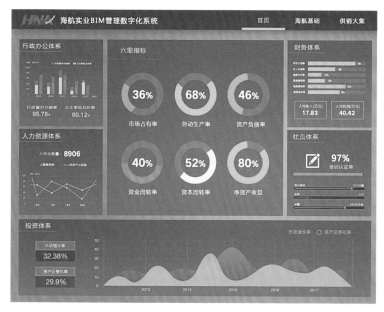

图1-16 数据展示UI

— 补充要点 —

空间内的视觉幻象

　　交互设备的屏幕界面空间是有限的，为打造更为广阔的视觉效果，设计师会利用元素的色彩和颜色和样式制造错视的视觉效果，为用户的交互体验在空间上进行拓展。

　　视觉幻象的原理是一部分原因是人的左右脑分工不同，所导致的眼睛所见到的图像在左右脑中处理时产生了不同的应激反应。右脑被定义为本能脑，也就是人们常说的潜意识脑，它负责管理的区域是图像化机能：企划力、创造力、想象力，与宇宙共振共鸣机能：第六感、念力、透视力、直觉力、灵感、梦境等，超高速自动演算机能：心算、数学，超高速大量记忆：速读、记忆力；左脑是意识脑，它所感知到的范围是知性、知识、理解、思考、判断、推理、语言、抑制、五感：视、听、嗅、触、味觉。

（a）

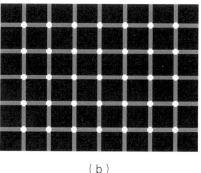

（b）

　　视觉幻象不仅仅存在于几何空间纬度上，在色彩方面也有体现，例如，如果从色觉方面来说，是你适应了黑点的灰度深色，就把灰色当成了白色，当你再去看别的东西回来的时候就会恢复原状（图1-17）。

图1-17 视觉幻象

第四节　UI的设计类型

一、网站UI设计

20世纪互联网的发明带来了一种全新的信息交流方式。

互联网具有分级的特点，每个网站都涵盖了许多子网页，子网页中又包括各种子级内容，按照这样细分化，UI元素在网站中的性质就好比是组成万物的原子，作为网站中普通而又不可或缺的元素存在，借用自身的引导性和传播性为用户和网站之间的交互过程做基础。互联网在过去的几年的发展速度非常快，网站中的UI元素也随之变得样式更具代表性，风格更为多样性。互联网上每分每秒都有新域名注册，伴随着越来越多网站的诞生，其中作为引导用户浏览网页媒介的UI元素，其设计理念也变得更为重要。出彩的UI元素甚至具有代表网站形象的作用，该网站界面设计美观，风格样式合理，用户浏览网页时的体验感也会更为舒适愉悦（图1-18）。

网页界面中UI元素的作用是为传递企业或个人的信息，在不同分类的网站中也涵盖了产品、文化、思想等信息。一个外观符合审美的网页设计可成作为面向用户宣传的名片，具有提升企业网络品牌形象的重要意义。网站的类型多种多样，根据网站性质的不同，设计的目的也随之不同，页面的风格样式以及UI元素的搭配等也非常多样化。

网页界面是由色彩、文本、动态效果等元素组成的，这些元素的布局以页面美观为原则进行排列组合。常见的网站中包含听觉和视觉等多种交互方式，以实现更好的用户体验，网站中的元素为界面环境的组成元素，两者相辅相成。网页中的基本交互功能不会受到元素的限制，反而在各种元素的相互协调、相互配合下，起到使交互操作更加理想和完善的作用（图1-19、图1-20）。

无论人们是用什么设备终端浏览网站，其中UI的样式布局都能做到在不同大小的屏幕中相互协调相互衬托。如何做到让交互元素在手机、电脑、平板和投影灯等不同载体中适应截面，是设计师需要考虑的因素之一，这也是用户的基本交互需求之一。UI元素适应网络环境在理论上可以为不同终端的用户提供更加舒适的界面和更好的用户体验，另外还能在PC端到移动设备的不同尺寸和分辨率的界面中显示完整，不失美感。

图1-18　网站页面

二、软件UI设计

软件指的是一系列按照特定顺序组织的计算机数据和指令的集合。通常来讲软件被划分为系统软件、应用软件两大类。软件并不只是包括仅存于计算机设备上运行的电脑程序，与这些电脑程序相关的文档也被定义为是软件的一部分。简单地说软件泛指程序加文档。软件的分类领域很广，涵盖了各层次结构中的管理系统、思想意识形态、思想觉悟、人文素养等大范围。

为了达到使软件更加专业化、标准化就应注重对软件界面的设计。对软件界面规范化具有满足用户视觉审美的设计意义。其中界面部分包含了启动封面、结构框架、链接按钮、样式面板以及图标和菜单等。软件界面的每个细节步骤设计做到越贴合使用环境，也就越容易被有专业要求的用户所接受（图1-21）。

编程设计和交互设计是软件设计的两大流程，也就是内在和外在的设计。软件的内在设计是对专业性要求较高的步骤，一般由程序员负责编写；作为外在的交互设计相较于前者更加注重表现力，在形式上更

图1-19　机械网站

图1-20　婚庆网站

（a）

（b）

图1-21　软件UI

加活泼和容易亲近，为达到使不同的使用者认可同一界面，这就需要集合各专业领域的学识，将视觉传达、用户心理、交互操作等多方面要素相互协调，这也需要设计师协同用户进行调研，以达到更好的用户交流和体验。软件界面既是用户对软件的第一交互印象，同时也是整个软件的重要组成部分，随着人文素养和科技的同步提高，用户对交互体验中的专业性和针对性要求也越来越高，而大部分的用户体验，都来源于界面设计和UI元素设计。于是对界面风格与样式的设计逐渐被人们重视起来（图1-22）。

能够安装和运行软件的载体有很多，软件界面设计也就包含了手机移动类设备的界面设计和电脑设备的界面设计等，还有现如今研发出的多类型智能设备，例如：智能电视、智能导航等，其中都有软件UI设计的存在。所以软件在界面和元素设计上都需要考虑多界面的兼容性。例如，手机上的常用社交类软件：微信，就有适应不同终端的特点。这种社交类软件巧妙抓住了交流需要及时性和时效性这一特点，研发了同一软件以多个不同终端为载体的交互方式，为适应不同设备，软件的界面样式和操作方式也会随之更改，这都是为保证软件整体用户的体验一致而有针对性和选择性在交互细节上做出的差异（图1-23、图1-24）。

值得一提的是如今各类设备越来越智能化，适应其不同特性的软件也越来越多。为了便于选择和下载适合软件，很多厂商建立了手机中的应用商店，具有对海量不同类型软件分类规划的作用，以方便用户在挑选自己心仪应用时方向更明确，浏览效率更高效。而用户在应用商店中对软件进行挑选时，良好的视觉体验和交互效果是基本的筛选条件（图1-25、图1-26）。

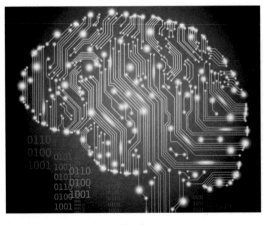

（a）

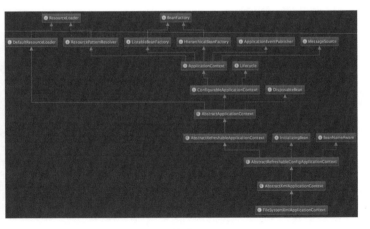

（b）

图1-22 信息编程

图1-23 手机终端　　　　图1-24 PC终端

图1-25 选择应用

三、游戏UI设计

　　游戏类软件和网站具有交互元素多样化、界面风格饱满的特点。游戏中的用户界面通常是由链接按钮、特效动画、文本信息、音频视频等与游戏内容相关联的元素组成，作为用户直接或间接接触游戏的交互元素。游戏界面设计需要做到能以多设备终端为运行平台，运用设计视觉化元素和操作理念与游戏用户进行有规划的交互活动。

　　游戏界面中所包含的功能操作和场景环境，都是从界面中所涵盖的故事背景、剧情线索等元素以基础设计的。例如，由网易出品的回合制手游《阴阳师》，从画面风格和声音特效上都能起到连接用户和游戏深层内容的作用，好的交互操作可以将游戏内的剧情

气氛传递到用户情感中。这需要从游戏登录界面、操作界面、场景界面、细节元素等多方面进行UI设计。

　　游戏界面的空间不局限于平面化，它的空间可以是多维的，这样多视角促生的空间感有利于用户在游戏中获得更好的交互体验，让游戏制造者和游戏玩家开始进入到追求游戏体验更加真实化的新阶段。如今很多游戏研发设计师力求打造能让用户沉浸式的游戏环境，这就需要在游戏中融入更多元化的感知元素，交互方式是影响用户体验感的重要因素（图1-27）。

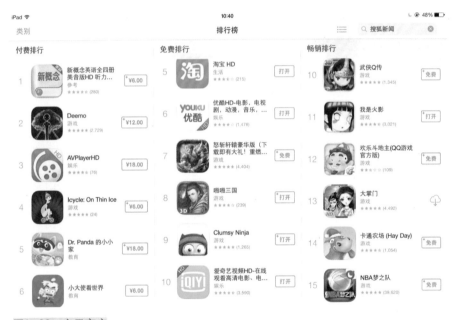

图1-26　应用商店

（a）　　　　　　　　　　　　　　　（b）

图1-27　《阴阳师》手游

第五节　常见的UI界面设计

各式各样的应用界面中都有UI交互元素的存在。针对不同使用用户，界面设计的风格也各不相同。目前生活中最为常见的有网站类、手机App类、游戏类这几种，它们对UI的设计风格有着各自的理解和体系，既有相同之处，也在微妙的地方各有特色。

一、网站类

1. 娱乐类

（1）弹幕视频网站。风格趋向于年轻化的，所以界面中的元素设计灵巧而又富有律动感，色彩搭配较为清新明快。这类视频播放网站通常根据网站风格来指导规范，不会过于局限细节。版面中用户图形的界面较为简化，整体风格简约，标题形式醒目但并不突出。也有适当使用留白，使用描边效果

强、形态通常以圆润为主的字体。不同类型视频网站的界面风格也不相同，各类网站界面在设计上的差异，也是设计作为一种探究不同领域手段，在差异性上的表现，也间接的代表了当今界面设计语言的趋势（图1-28）。

（2）音乐平台类型网站。UI元素样式较为统一，色彩搭配和较为质朴，在这样以听觉为主要感官的应用中，元素设计巧妙的将实用性作为主要设计原则，这样根据界面环境选择设计侧重点的思路有相当的可取之处，印证了UI元素是服务于用户和界面之间交互过程的理念（图1-29）。

（3）直播平台的网站。界面元素丰富，不同板块的内容风格也不相同，这取决于该网站的交互性质。整个网站界面布局流畅，设计体系中融入了光感、动效等新元素，这些设计元素能为用户带来更好的交互感受，各个版面的分布更具有独特的代表性。

图1-28　弹幕视频网站

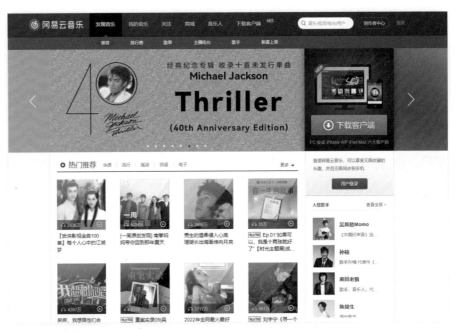

图1-29　网易云音乐

这样的设计体系能为用户带来直观、美观的交互体验。通常在板块转换之间搭配衔接动效，以此来对两个或多个不同视图之间元素变化进行过渡，为保持用户浏览界面内容时视觉上的连续性，达到律动自然、效果个性的视觉感受，具有快速的吸引用户注意力、提升用户参与度的作用（图1-30）。

图1-30　直播网站

（4）微博作为互动平台。界面中有很多能体现这一网站类型特点的元素。例如，星级评价、点赞等元素，为突出板块内容选择了较为清淡的配色。有些界面直接将背景调整为透明度，运用高斯模糊和图层纹理来增加了用户交互时的视觉空间感，这样用户在浏览信息时不会对扁平化界面出现厌倦和疲劳，创建出平易近人的体验（图1-31）。

2. 消费类

（1）购物类网站。UI设计的色彩运用较为丰富，例如，生鲜区的选择是能刺激人食欲的暖色调，科技产品板块则选择了能突出科技感和高像素特点的冷色，元素的样式丰富应景，搜索象征图标、购物车象征图标、卖家象征图标和对话窗口中的表情，都是具有网站特色的UI元素（图1-32）。

（2）旅行类网站。UI设计在样式上具有通用性，元素较为包容，使得界面能与不同类型的取景地更融合，在配色上选择了能带给用户轻松视觉感受的色彩搭配，这样有助于用户专注界面中强调的文案信息，从而给用户以合理的网页侧重点，这样的引导倾向并不会妨碍用户的心理感知和体验，这也是将元素设计与文案部分结合的一种理念。通过使用不同背景纹理和空间深度感来区分各个UI组件，并将它们放置在界面中的不同层次里，这样做的目的是为调整各项UI元素之间的统一性和和谐性，以整洁明确的外观样式，满足不同用户的交互需求（图1-33）。

（3）海外购物的网站。采用平面设计，界面强调简洁性、确定性和普遍性，以此获得美观的效果和实用的体验。UI元素的位置依据网格线布局，样式采用水平滚动，用色亮丽、活泼（图1-34）。

3. 综合类

（1）用户交互界面。运用简约风格设计原则，强调简单、明确、实现满足审美需求且实用性强的体验。图标和色彩等组件之间的关系协调，使得界面的秩序稳定、画面和谐、条理清晰，并且明确表达设计功能的视觉效果（图1-35）。

图1-31　新浪微博首页

（a）

（b）

图1-32　购物类网站

图1-33　旅行类网站

图1-34　海外购物网站

图1-35　《舌尖上的中国》用户
交互界面

（2）展示装修效果的网站。页面设计板块分类明确，界面中UI元素统一化、简单化，把界面风格简单化，增强通用性，给用户呈现最简单的视觉效果。让用户学习无负担的感知到界面中所传递的信息。在这种生活化的网站中，简单的UI元素对文案与个人之间起到了情感连接作用，通过设计来引导人们对自身的生活质量进行思考和行为，展现的界面效果仿佛是针对每个单一用户创造的体验感（图1-36）。

（3）传播科技信息的网站。为信息展示效果良好，界面中大量采用大字体。根据网格线来分布排列，给用户逻辑条理清晰的视觉效果。右侧配有连接图示，让用户不会因为界面元素以文字为主而感到枯燥。界面元素样式从简，将内容放在第一位。同样以网格线对齐分布，文本、留白和连接构成了用户界面。统一采用平面矩形样式组成用户界面。这样的设计模式不仅仅是为了在视觉上突出要点，也是为界面内交互过程的效率更佳而采取的元素整合方式（图1-37）。

图1-36　网易家居装饰网站

图1-37　手机中国网站

二、手机App类

手机App是安装在智能手机上的软件，软件具有完善手机原始系统不足与使其更加个性化的作用。手机通过软件的安装完善硬件功能，也为用户提供更丰富的交互体验。

手机中软件的界面设计多是依靠于平面设计风格的设计原则，这种设计类型的传达功能准确，被广泛地应用于设计界，具有界面环境整洁、交互设计严谨、元素排列工整以及能引导用户理性化操作的实用性。随着交互设计业的发展与发达，软件类产品的界面设计更加的人性化，将理性化与人性化并存的设计理念发挥到了极致。在向用户显示软件交互信息的同时也带来美的体验（图1-38）。

有些手机App的版本多样化，支持用户在电脑、平板等多个不同类型的设备终端上体验交互操作。手机软件的界面设计通常风格优雅，能让用户获得一个美观的交互环境，快捷流畅的软件交互界面和大量可供使用的互动元素，使手机App的UI设计在图像设计的基础上达到了新的交互高度。

通透性是软件App界面能否有效传达设计语言的关键，通透性能够给用户提

（a）　　　　　　　　　（b）

图1-38　购物、美食手机App界面

供邀请的视觉体验，并吸引用户，同时因为它本身具有的轻质感特性，也能够给用户交互起到引导注意力的作用以明确交互的目标对象。随着用户在交互过程中进行的目光的移动和手指触摸点击屏幕等操作，元素本身以及周围元素会产生相应的反馈效果，有些界面会随屏幕滑动发生变化，好的软件界面交互可以突显用户当下的操作状态，以提供更好的视觉环境，手机屏幕的自动亮度和拔出耳机自动停止播放等控件等都是处于用户交互需求完成的设计（图1-39）。

在手机屏幕这样有限的空间中分出界面层级是相对其他设备较为困难的，合理设计元素质感通透性对于手机这种相对注重私人理念的设备，在界面元素的样式和分布上需要适当增加个性化和创意性。利用元素的分布和排列制造视差，在界面中产生富有动感的透视，视觉效果的层次结构充足，并在不同的环境下做到衔接连贯。打造足够的交互空间以及协调元素和物体之间的联系是让用户沉浸在畅快操作体验中。利用视差效果打破平面理念，设计交互中的轴线定位让手机界面中引入三维空间的概念。手机作为设计载体的空间，让更多设计的交互体现方式规范化，软件呈现在用户眼前的质感是操作者与界面交互的开端，结合触摸、听觉等其他感官操作，打造更贴合用户的操作方式（图1-40、图1-41）。

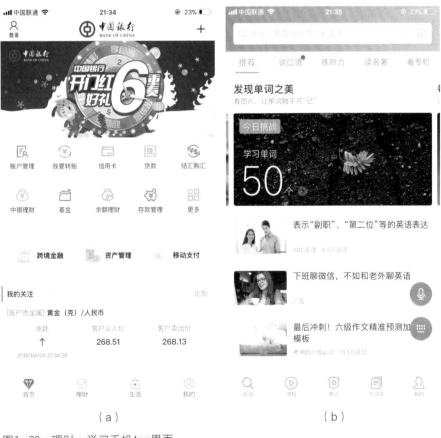

（a） （b）

图1-39 理财、学习手机App界面

适当缩放元素也是可扩展空间维度的设计方法。在手机App界面设计中设计师需要考虑用户如何在视觉上适应不同空间层次中的交互场景，对元素的安排要能够满足不同设备规模中场景的设计需求。让用户在虚拟的界面中也能感知到如同现实世界中的物理特性。

图1-40　手机界面设计

图1-41　手机锁屏设计

课后练习

1. 简述UI设计的概念。
2. UI的构成离不开哪三项原则？
3. 购物类界面中的UI元素通常具有哪些特点？
4. 身边有哪些常见的UI设计？
5. 你认为网站类UI和软件应用中的UI有哪些不同。
6. 选择一款应用，对其中UI元素和界面环境之间的联系进行分析。
7. 选择一个网站，评析其中UI元素的色彩搭配是否合理。

第二章
UI设计流程

学习难度：★★☆☆☆
重点概念：用户交流、设计原则、交互原则

◁ 章节导读

　　审美理念、人文素养、用户心理，这些都是UI设计的关键要素。设计流程中最重要的一点是明确设计目的，企业理念高于创意和先于创意，必须先明确企业经营理念，设计师再制定设计创意，才能作出绝妙的设计，最终设计作品要具备企业的气质形态，并且给人带来美好的联想（图2-1）。

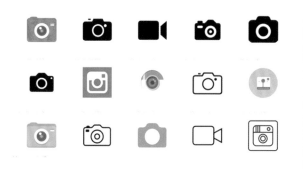

图2-1　图标样式

第一节　定位服务对象

　　界面、交互（程序）、用户是组成UI的三大要素。UI设计流程是从用户体验环节出发，设计师根据用户操作需求确定界面元素，参与程序设定阶段，分析操作合理性设计阶段，进一步对用户进行调研验证后，修改方案直至用户满意。

　　对用户进行有针对性的调研，本质是通过对使用产品人群的心理活动、操作习惯进行观察研究，设计师需要对用户进行调查，以此了解在使用环境中会涉及哪些相关操作，此外，预判用户使用时的心理模式和行为模式是设计师应该深刻认识的要素。做定位服务对象的前期工作，才能为后续设计提供良好的基础。定位服务对象的概念还包括通过综合考虑用户调研结果、技术支持、市场潜力后的效果预判，这是交互设计师将设计目标所涉及的各项数据资料进行对比整理后孵化出的市场雏形。针对目标涵盖软件、产品、服务、用户等系统要素。整个过程在协调各项

因素的基础上反复调整，对应前期准备工作中参考项的多元化，最终的设计成果也是从各个领域专业学识中汲取而来的（图2-2）。

创建适合用户的界面是设计流程中的关键步骤之一，界面设计时，通常会将设计对象的功能和行为由线框图来表述。在常见的基础界面里，描述设计对象的细节及操作流程通常采用分页，或包含相关部分注解的分屏模式。这都是设计师为准确定位对象所采用的惯用手法。运用这样的方式来对用户开发原型进行测试，交互设计师通过设计原型测试设计方案，原型不局限于形态模式（图2-3）。

针对所定位对象，结合原型图调整风格、色调、界面、窗口、图标、质感等要素，为其制定视觉设计和界面的关键环节。设计师需要配合开发人员、调研人员、集合多领域专业知识，甚至还需要用户协助参与用户体验回馈、测试回馈等环节（图2-4）。

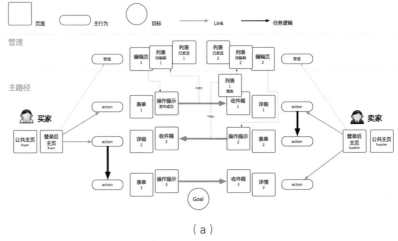

（a）

（a）

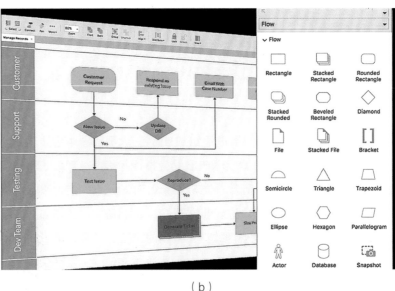

（b）

（b）

图2-2　用户需求

图2-3　交互流程

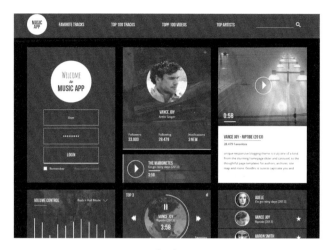

（a）

（b）

（c）

图2-4　创建界面

第二节　常用软件分类

设计师会先绘制界面的图形设计，然后在界面的图形
设计基础上，添加界面的交互设计，制作可点击的原型
图。常用的UI图形设计的软件有Photoshop、Illustrator、
Fireworks、Sketch等图像处理软件；常用的交互设计原
型图软件有Axure、Principle、InVision Studio、Adobe
XD等（图2-5）。

图2-5　Adobe出品软件

一、图像处理类

1. Adobe Illustrator

Adobe Illustrator是一种应用于出版、多媒体和在线图像的工业标准矢量插画的软件，作为一款非常好的矢量图形处理工具。该软件主要应用于印刷出版、海报书籍排版、专业插画、多媒体图像处理和互联网页面的制作等，也可以为线稿提供较高的精度和控制，适合生产任何小型设计到大型的复杂项目。作为一款专业的矢量图形软件，Illustrator在UI设计中一般用于各种风格的图标设计（图2-6）。

2. Adobe Photoshop

Adobe Photoshop简称"PS"，是由Adobe Systems开发和发行的图像处理软件。这款软件主要处理以像素所构成的数字图像。使用其众多的编修与绘图工具，可以有效地进行图片编辑工作。ps有很多功能，在图像、图形、文字、视频、出版等各方面都有涉及。PS是Adobe出品的所有软件中最具代表性设计软件，这款软件的名称已经成为描述修图的代称，Photoshop在UI设计中，主要担任图像绘制和界面绘制调整等设计工作（图2-7）。

图2-6 Adobe illustrator

（a）　　　　　　　　　　　　　　　（b）

图2-7 Adobe Photoshop

- 补充要点 -

Adobe Photoshop的发展

作为一款功能强大的图像处理软件，Adobe Photoshop也在跟随设备发展不断更新。

1. 2003年，Adobe Photoshop 8被更名为Adobe Photoshop CS。

2. 2013年7月，Adobe公司推出了新版本的Photoshop CC，自此，Photoshop CS6作为Adobe CS系列的最后一个版本被新的CC系列取代。

3. 到了2016年12月Adobe Photoshop CC2017为市场最新版本。Adobe支持Windows操作系统、安卓系统与Mac OS，但Linux操作系统用户可以通过使用Wine来运行Photoshop。

3. Fireworks

Fireworks是Adobe推出的一款网页作图软件，软件可以加速Web设计与开发，它是一款创建与优化Web图像和快速构建网站与Web界面原型的理想工具。不仅具备编辑矢量图形与位图图像的灵活性，还提供了一个预先构建资源的公用库，起到了简化网络图形设计的工作难度的作用，并可与Adobe Photoshop、Adobe Illustrator、Adobe Dreamweaver和Adobe Flash软件省时集成。在Fireworks中将设计迅速转变为模型，或利用来自Illustrator、Photoshop和Flash的其他资源实现图像切割、动态特效、按钮连接等操作。广泛的操作应用为专业设计师和业余爱好者所热衷，使用Fireworks可以轻松地制作出律动十足的画面效果（图2-8）。

4. Sketch

Sketch 是一款适用于所有设计师的矢量绘图软件。矢量绘图也是目前进行网页，图标以及界面设计的最好方式。除了矢量编辑的功能之外，同样添加了一些基本的位图工具，比如模糊和色彩校正。Sketch 容易理解并上手简单，在设计界中不断流行。有经验的设计师花上几个小时便能将自己的设计技巧在 Sketch 中自如运用。这个设计工具仅支持Mac OS，支持标志、品牌标识到移动应用界面的所有设计工作，一直到完全成熟的响应网页设计。对于绝大多数的数字产品设计，Sketch 都能替代 Adobe

（a）

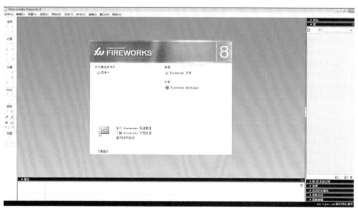

（b）

图2-8 Fireworks

Photoshop，Illustrator 和 Fireworks。

　　Sketch 是由它的创造者描述为一个轻量级和易于使用的设计工具。设计社区一直使用 Sketch 来设计应用程序的用户体验，品牌标识、流程图，信息架构策略、原型图里的界面设计以及响应式网站设计。Sketch 可以创建不同大小的艺术板，分享文字和对象的风格，使用矢量绘制矢量艺术品，然后分享我们的设计与世界各地的同事和客户。Sketch 软件中使用广泛的特性，包括设置类型、导入和裁剪大图像、创建符号、创建输入对象样式，以及使用不同大小的艺术板。一旦我们完成布局，我们将使用 Sketch 强大的导出特性，允许我们快速提供现成的优化网络图形，我们可以把它交给我们的网页设计师和前端开发人员最终开发中。有三种非常流行的接口样式用于在 MAC 上设计演示软件。这些是由苹果、微软和Adobe创建的。每个公司都使用自己的工具创建了自己的视觉语言。如果你熟悉 Adobe 或者微软界面，Sketch 会有点不同。但是，如果您熟悉苹果的工具，尤其是Keynote、Pages和Numbers，那么在 Sketch 界面中你会感觉很自在（图2-9）。

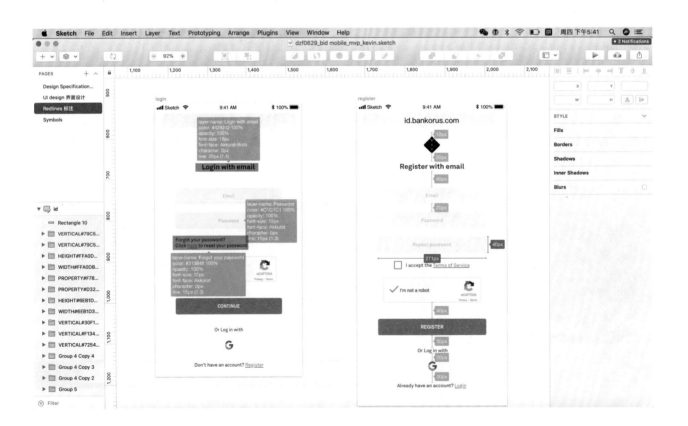

图2-9　Sketch

二、交互设计类

1. Axure RP

Axure RP是一个专业的快速原型设计工具。Axure代表美国Axure公司，RP则是快速原型的英文缩写。Axure RP是美国Axure Software Solution公司旗舰产品，它能快速、高效的创建原型，同时支持多人协作设计和版本控制管理。

Axure RP的使用者主要包括商业分析师、信息架构师、产品经理、IT咨询师、用户体验设计师、交互设计师、UI设计师等。这款软件能为专业设计师及设计爱好者提供交互、界面、标记等系列专业操作，该软件提供的管理类工具以及交互向导具有降低用户操控难度的作用，使用户更加容易精确地针对用户创建贴合的交互设计，减少操作步骤，提高效率。Axure RP在UI设计中的主要运用范围是用来绘制原型图。作为UI设计师有必要学习的一款软件（图2-10）。

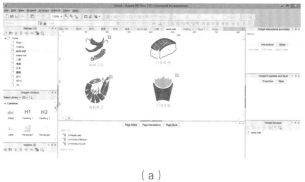

（a）

（b）

图2-10 Axure RP

2. Principle

Principle 专为Mac OS而设计，使得设计动画和交互式用户界面变得容易。无论你是设计多屏幕应用程序的流程，还是新的交互和动画，Principle 都可以帮助您创建外观和令人赞叹的设计。比如说跳转动画，可点击的交互或广泛的多屏幕应用。Principle的时间表使得它能够快速地演示出完美的弹跳，轻松和流行。想要设计一个全新的互动，Principle 可以使你很自由地实验，而不会限制你使用预定义的过渡。轻而易举就可以设计一个多屏幕应用程序，当你完成后，你可以预览你的所有屏幕。使用简单的一键导入器从您喜爱的设计工具导入您的设计。您的设计将以原型图出现，随时为您注入新的活力。再次导入将智能地合并您的工作进行修改。选择设备预设或输入自定义画板尺寸以设计您喜欢的平台。鼠标滚轮滚动可以轻松制作感觉像真实物体的网络和桌面原型。iOS的Principle Mirror允许其他人在他们的设备上查看您的设计。在设计时，您可以通过将设备插入计算机立即进行交互。您还可以导出独立的Mac应用程序以供其他人查看。使用录制功能展示您的设计，一切都非常简单。导出视频或动画GIF可在Dribbble，Twitter和您想要的任何其他地方共享！

Principle由Core Animation提供支持，Core Animation是iOS手机和Mac系统构建的硬件加速动画引擎。包括您喜爱的Mac功能：全屏模式，Retina界面和自动保存，让您感觉宾至如归。（图2-11）

3. InVision Studio

InVision Studio是一个受世界上最好的设计团队启发的新平台，它包含了设计，原型和动画设计于一体。InVision Studio 从自由式设计视频中获取灵感，其中包括InVision专业人士将Studio放入其中。使得设计师的设计能达到新的高度。重新定义了为数字屏幕设计而生。这款软件具有以下几个优势。

闪电般快速的屏幕设计：借助InVision Studio矢量的绘图功能，直接进入屏幕设计过程。通过灵活的图层和无限的画布，可以轻松将想法转化为强大的设计。响应设计：Studio的一流布局引擎可让您快速轻松地设计，调整和扩展视觉，以自动适应任何屏幕或布局。快速原型设计：比以往更快地创建流体交互和高保真原型，然后直接在Studio中预览您的工作。更高级的动作，更多的情感：无摩擦屏幕动画可让您更快地进入微调阶段。动画不是一个额外的过程，它在您设计时直接在Studio中制作。共享设计图书馆，团队合作少工作：共享组件库内置于InVision Studio中，可确保设计团队保持一致，连接和最新。协同连接：Studio与整个InVision平台的连接意味着整个团队的即时协作。从开始到结束，您比以往任何时候都更好地合作。工作室平台：Studio的公共API将允许用户创建可增强Studio体验的应用程序。整个UI工具包，图标和应用程序库将立即丰富您的设计工作流程(图2-12)。

4. Adobe XD

Adobe XD是Adobe公司开发和发布的矢量绘图工具，用于设计和原型化Web和移动应用程序的用户体验。该软件适用于Mac OS和Windows。XD支持矢量设计和网站线框图，并创建简单的交互式点击原型。[1]Adobe XD是设计，原型图和共享用户体验的最快方式，从网站和移动应用到语音交互等。它是免费的。

Adobe XD重新构想了设计师使用快速，直观的工具创建体验的方式，这些工具可以帮助您进入设计并完成自己的工作。用语音启动原型。自动调整不同屏幕的元素大小。在没有时间线的情况下在画板之间创建惊人的动画。单击即可从设计切换到原型模式，然后在画板之间拖动导线，将线框转换为交互式原型。即时更改并在手机上查看。随时随地与您的团队安全地共享自动保存的云文档，您甚至可以离线编辑它们。XD平台一直在变得越来越大。与Slack，JIRA，Microsoft Teams以及更多应用程序集成。它集成了许多您熟悉和喜爱的Adobe应用程序序，如Photoshop，Illustrator和After Effects。它的设计旨在为您提供与Mac和Windows相同的尖叫快速性能。Adobe XD可以轻松调整不同屏幕的设计大小，而无需手动调整每个元素，为设计人员节省了大量时间。无需时间线即可在画板之间轻松创建精美动画。设计您的起点和终点，XD负责其余部分。可以使用语音触发器和语音播放来为智能助理和屏幕外的其他体验创建音频交互。支持新插件自动执行任务，使用数据进行设计并从Web导入资产。XD还集成了

图2-11 Principle

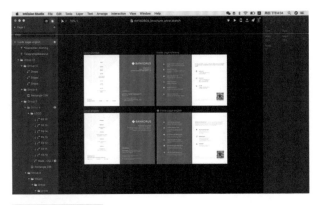

图2-12 InVision

Slack，JIRA和Microsoft Teams等流行的生产力应用程序（图2-13）。

Adobe首次宣布他们将于2015年10月在Adobe MAX会议上以"Project Comet"的名称开发新的界面设计和原型设计工具。

2016年3月14日，第一个公开测试版作为"Adobe Experience Design CC"发布给任何拥有Adobe账户的人。

2016年12月13日，Windows 10发布了Adobe XD测试版。

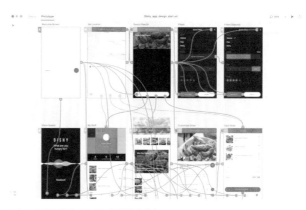

图2-13　Adobe XD 界面式样

－ 补充要点 －

Visio的发展

1. 1990年9月Visio公司成立，起初名为Axon。
2. 1992年公司更名为Shapeware，同年11月发布了公司的第一个产品：Visio。
3. 1995年8月18日Shapeware发布Visio 4，这是一个专门为Windows95开发的第一个应用程序。
4. 1995年11月Shapeware将公司名字更改为Visio1。
5. 2000年1月7日微软公司以15亿美元股票交换收购Visio。此后Visio并入MicrosoftOffice一起发行。

三、视频剪辑类

1. Adobe After Effects

Adobe After Effects简称AE，是Adobe公司推出的一款图形视频处理软件，适用于从事设计和视频特技的软件，包括电视台、动画制作公司、个人后期制作工作室以及多媒体工作室，属于层类型后期软件。

AE软件可以帮助操作者精确地创建动态图形，利用与其他Adobe软件紧密集成和高度灵活的2D和3D合成，以及数百种预设的效果和动画，为设计师制作的电影、视频、DVD和Macromedia Flash作品增添令人耳目一新的效果。在UI设计中，AE主要是从事交互动效任务（图2-14）。

2. Adobe Premiere

Adobe Premiere是一款常用的视频编辑软件，由Adobe公司推出。现在常用的版本有CS4、CS5、CS6、CC、CC 2014、CC 2015、CC 2017以及CC2018版本。Adobe Premiere是一款编辑画面质量比较好的软件，有较好的兼容性，且可以与Adobe公司推出的其他软件相互协作。目前这款软件广泛应用于广告制作和电视节目制作中（图2-15）。

四、设计软件的综合应用

UI设计大到操作系统界面的设计，小到一个图标，交互对象形态和交互操作形式多种多样，相对应的制作技术和软件分类也更细致，主流UI设计工具通常在功能上各有分工，除了在元素中的混合运用，UI设计软件也可用来进行单项作业。

目前，绘图类软件注重的是设计的高效率，为设

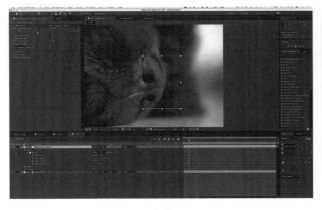

（a）   （b）

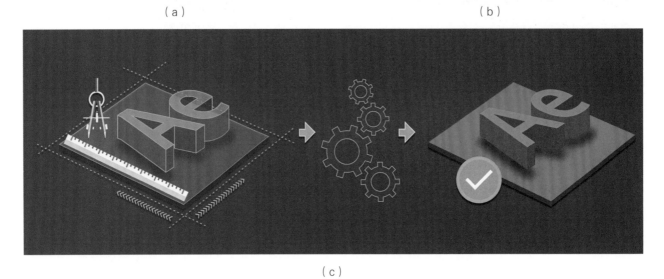

（c）

图2-14　Adobe After Effects

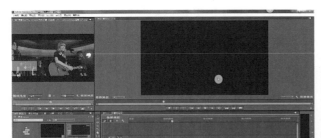

（a）   （b）

图2-15　Adobe Premiere

计师对设计雏形上的修改最大化节省时间。在强调应用功能专业性的同时力求操作更容易，通过简单的双击、单击来实现功能切换和选择，大部分基本操作都可以一键完成。目前并非所有的设计软件都可以跨平台使用，一些对载体设备要求较低的软件可以做到协助用户在不同平台使用，以达到交互设计多样化。

视频剪辑软件工具常常涵盖对应的专业插件，不同插件对软件提供的空间也不相同。例如，有些插件具有对输出格式提供更多项选择的作用，为设计师自动输出需要的视频格式。能够主动的将操作者需要的部分进行输出，以替代传统手工批量化操作的烦琐流程。视频剪辑软件所制作的动画和影视支持各种各样的尺寸、格式、形态输出，以满足用户在不同终端上播放最终成果的需求。

交互管理类软件的主要方向是致力于保证精致度、保证流程，将复杂的步骤进行有逻辑的整理。从多种形式来管理交互设计。以缩减UI设计时耗费的精力和时间等成本问题，将设计流程理性化、人性化。

无论是哪种类型的设计软件，在进行交互设计以及功能操作时，内部涵盖的专业性工具都做到丰富、齐全。另外随着科技发展和硬件设备的不断研发，每款软件都会定期更新其功能，也会每隔一段时间，根据软件操作用户的兴趣和需求，对软件界面样式进行调整。

现如今，种类和功能繁多的设计软件不断更替，针对不同类型软件的专业性网站也随之孕育而生，面对多而广的设计功能软件，操作者可以选择性地学习和掌握适合自己的主流设计软件，这样才能更好的配合操作工具将设计创意具象化，选择合适工具在设计流程中具有良好的协助作用，甚至能使设计过程事倍功半。归根结底，对软件工具的驾驭还是离不开扎实的专业知识和设计经验，所以多接触和了解软件固然是适应行业的好方法，但不能偏离使用软件是为提高自身设计能力的根本目的（图2-16）。

（a）

（b）

图2-16　软件制图

第三节　版式设计

UI在界面中排列和组合的方式不同，产生的界面效果也随之不同，看似简单的分布原理，但需要掌握多领域设计常识，以及对其他学科的借鉴。交互的元素，如平面排版、文案信息、界面结构等可视化元素应用于计算机新技术时，需要将所学知识领域应用于界面设计中。设计师应该做到对其中包含的内容，有所了解有所专长。

版式设计中不仅只单纯的设计学科，在心理学和行为学上，都有值得推敲的地方，设计师的眼光要足够长远，对于未开发设计有预判能力，能从看似无关的学科和日常生活中学习并发掘出其中有价值的设计信息，细致的观察能力对于设计水平和能力的提高有着相当积极的作用。

优秀的界面中，UI元素的分布设计看起来是无形的，不刻意彰显却能突出个性化，不同于其他需要标新立异的视觉传达设计，优秀的UI设计具有隐身的特点，作为交互操作媒介的UI元素需要格外注重在视觉的时效性：当用户有操作需求时，能迅速准确的为用户提供交互目标，为用户提供虚拟的界面环境，所以UI的板式设计不能过于强势，这需要设计师时刻谨记UI是服务于用户界面的原则（图2-17）。

UI元素在界面中的合理组织，循序渐进的展现，能恰当地组织视觉元素，使丰富的界面呈现在用户眼中时化繁为简，整理出主次依据。这样恰当的组织内容可以减轻用户的认知负荷，他们不必再苦恼于元素间的关系，具有更加快速简单地传达设计者意图的作用效果，比如内容上的包含关系，可以在版面中将元素之间的关系运用方位和方向上的组织，达到自然化排版，通过适当的组织排列对用户进行交互引导。界面中只在必要的地方展现UI元素，适当运用负责信息传输的文本，展现足够直观的信息选择项，用户就能根据UI元素在界面中的引导性找到所需细节，理性化的版面设计避免了过度阐释、过度展现，通常选择分层次地展示相应的信息，这样可以使操作界面的交互选项更加明确（图2-18）。

UI在界面中的分布还需要做到主次要分明，假如屏幕中的各项元素的功能互不相同，那么它们的外观

（a）

（b）

图2-17　元素布局

（a） （b）

图2-18 音乐元素

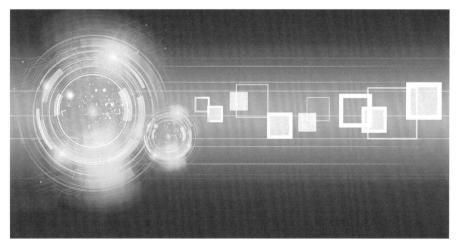

图2-19 元素导航

设计和排列位置也会与之对应的不同；假如元素之间的功能和外观类似，则排列位置的基本属性应该保持一致。为了凸显UI在版面中分布的一致性，需要对应该加以区分的元素采用不同的视觉处理效果。用户在界面中每进行一个交互操作时，作为交互对象的UI元素会响应于界面。在设计界面时尽量减弱次要UI元素的视觉冲击力，或者在版面排列中削弱存在感。

UI元素的排列分布应当清晰对应导航，让用户足以凭借简单的操作轻松驾驭界面交互。清晰度是UI元素的板式设计中较为重要的视觉效果。清晰的版面布局足以让用户有操作需求时准确识别，进一步接受该元素所传递的信息要素，对交互操作的触发事件有条理性的认识，增强用户于界面之间的联系。清晰的元素版面设计在界面中具有能够吸引导用户准确操作的作用（图2-19）。

对于容易理解和掌控的界面，用户会较快速的适应交互环境和交互操作，忽视界面版面设计对用户感受造成影响的界面，往往不具备良好的引导性，迫使用户自己寻找流程外的交互操作，会让用户对界面缺乏信任度，也就间接影响了信息传输的质量。所以界面设计应该设计完整，保证有足够的信息传输，在为其保留自身操作习惯的基础上，引导用户快速适应界面。

第四节　交互设计

交互设计讲究灵活性，运用自身的引导性指引用户操作。在理想的用户界面中，"帮助"文字选项被用户需要的几率几乎为零，用户界面能足够有效地指引用户进行交互和体验。文字类的提示只需要在用户主动查询时出现在适当位置，其他时候都为隐藏状态。设计师的任务是发现用户交互诉求，准确的在思维和视觉上引导用户完成自助交互，而非在用户有需要的地方建立一个帮助系统，让用户在帮助系统中寻找问题答案。确保用户能简单有效地使用界面提供的交互操作选项，需要建立良好的交互逻辑系统（图2-20）。

好的交互设计能做到让用户直接操作，交互过程自然。当用户能够直接操作物体时，往往是最佳的用户体验感，但在界面设计时，图标的增加往往并不具备绝对性和必要性，如用户在操作中过于频繁的使用按钮、选项以及其他附件等，就会将交互过程变得烦琐，违背了简化界面，直接操纵的初衷。因此在进行界面设计时，设计师要尽可能多的融入一些通用符号

和手势。界面设计在理想情况下是简洁的，用户在交互过程中能体验到直接操作的感觉。UI交互的设计理念不是肤浅的将所设计元素进行排列、组合，将文本信息浅显的编辑为交互信息，它应当更具有交流价值和引导意义，以界面为主体向用户展现交互环境，操作简单化。将审美理念和交互理念相融合，为用户打造更为舒适的交互环境和操作方式，交互设计需要设计师对用户精心指引，现阶段UI设计的类型众多，样式各有特色，但他们都遵循着同样的交互设计原则（图2-21）。

交互具有的另一特性是外观追随功能，这样的理念仿佛过于形式化，然而从用户的角度出发，符合功能性原则的界面外观是交互感最强的。当界面交互的引导效果始终符合用户的期望时，操作者的交互愉悦感便会随之提升，和界面的关系也会更加紧密。这是处于人性化原则进行的交互设计理念，凡是从用户的角度出发考虑，以用户操作习惯为基础，延伸出符合用户操作心理的交互逻辑。尽量做到只需要用户与界面进行视觉等感

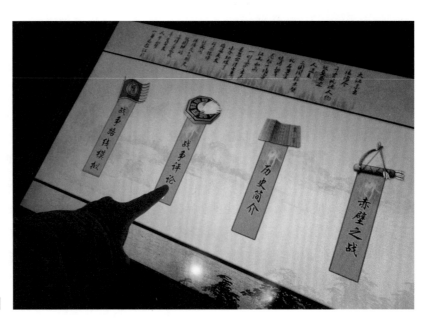

图2-20　界面交互

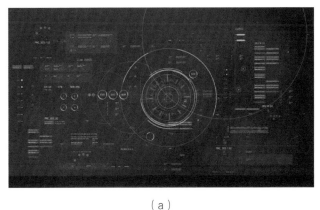

（a）

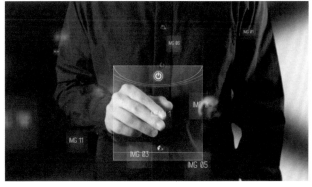

（b）

图2-21　用户操作

知上的交流，不耗费脑力思考就可以预知交互发展的走向。UI元素的外观需要基于其本质功能进行设计，返回箭头、主界面图标等按钮所具备的功能都是以这样的设计原则为出发点，这样一目了然的设计思路引导性最好。在大多数交互领域，界面设计成功的要素就是用户需求（图2-22）。

界面的交互引导是环环相扣的，设计师在设计时就需要对交互的下一步进行充分考虑，预判用户所期待的下一步交互是怎样的，融合设计将其实现。UI设计是一个倾向于视觉效果的设计工程，需要将保持用户视觉焦点作为第一原则进行设计，引导用户自然继续探索界面的方法，以达成交互目的。

图2-22　交互引导

课后练习

1. 定位服务对象对于UI设计有怎样的意义？

2. UI设计的常用软件有哪些？

3. Photoshop是一款怎样的软件？它具有哪些功能？

4. 谈谈你怎样看待UI元素与界面环境之间的联系。

5. 你知道哪些矢量图绘制软件？它们分别有哪些特点？

6. 在生活中有哪些常见的交互设计？它们的交互方式是什么？

◁ 章节导读

通过前两章学习，对UI的基础定义和设计流程有了认识。本章内容主要讲解UI的构成元素，达到对UI各部分构成元素有一定认知基础。在用户界面中，色彩和文字的搭配方式与比例协调直接影响了操作者的体验感。在设计UI元素时，设计师要科学选择色彩，在空间内合理排版图像和文字，这些元素都是用户界面的关键因素。不同的颜色组合可以传递不同的视觉效果，产品属性的表述现实形式也样式多变，了解和分析组成UI元素的每个细节部件包含的属性和特性，是做好界面设计的基础（图3-1）。

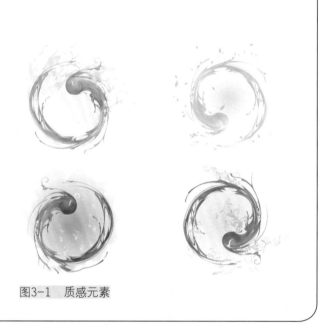

图3-1　质感元素

第一节　基础配色

丰富多样的UI造型在选择色彩的搭配上有一定技巧，学会使用针对不同UI元素选择颜色首先需要了解色彩的基本特性。

颜色可以根据其在视觉上的效果分成两个大类，

无彩色系和有彩色系，饱和度为0的颜色为无彩色系；有彩色系的颜色具有三个基本特性：色相、纯度（彩度、饱和度）、明度。在色彩学上也称为色彩的三大要素或色彩的三属性（图3-2）。

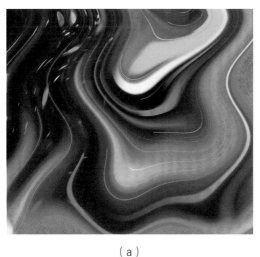

（a）　　　　　　　　　　　　　（b）

图3-2　丰富的色彩

一、颜色分类

1. 无彩色系

在UI设计中，选择无彩色系的UI元素，多是基于"少即是多"创作理念。无彩色系包括常见的黑白灰，它是指白色、黑色和由白色黑色调和形成的各种深浅不同的灰色。无彩色按照一定的变化规律，可以排成一个系列，由白色渐变到浅灰、中灰、深灰到黑色，色度学上称此为黑白系列。黑白系列中由白到黑的变化，可以用一条垂直轴表示，一端为白，一端为黑，中间有各种过渡的灰色。纯白是理想的完全反射的物体，纯黑是理想的完全吸收的物体。可是在现实生活中并不存在纯白与纯黑的物体，颜料中采用的锌白和铅白只能接近纯白，煤黑只能接近纯黑。无彩色系的颜色只有一种基本性质——明度。它们不具备色相和纯度的性质，也就是说它们的色相与纯度在理论上都等于零。色彩的明度可用黑白度来表示，越接近白色，明度越高；越接近黑色，明度越低。黑与白作为颜料，可以调节物体色的反射率，使物体色提高明度或降低明度（图3-3）。

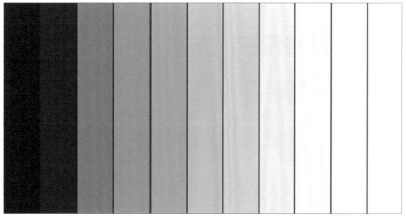

（a）　　　　　　　　　　　　　（b）

图3-3　无彩色系

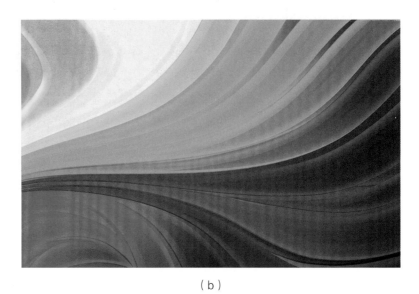

（a）　　　　　　　　　　　　（b）

图3-4　有彩色系

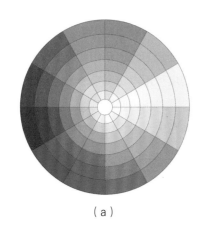

（a）

（b）

图3-5　色相图标

2. 有彩色系

丰富的色彩元素可以营造视觉冲击力强的界面效果。彩色是指红、橙、黄、绿、青、蓝、紫等颜色。不同明度和纯度的红橙黄绿青蓝紫色调都属于有彩色系。有彩色是由光的波长和振幅决定的，波长决定色相，振幅决定色调（图3-4）。

二、色彩的概念

色相、纯度（彩度、饱和度）、明度在色彩学上被称为色彩的三大要素或色彩的三个基本属性，这三大要素也是营造UI元素视觉效果中质感关键。

1. 色相

色相是有彩色的最大特征。所谓色相是指能够比较确切地表示某种颜色色别的名称。如玫瑰红、橘黄、柠檬黄、钴蓝、群青、翠绿……从光学物理上讲，各种色相是由射入人眼的光线的光谱成分决定的。对于单色光来说，色相的面貌完全取决于该光线的波长；对于混合色光来说，则取决于各种波长光线的相对量。物体的颜色是由光源的光谱成分和物体表面反射或透射的特性决定的（图3-5）。

2. 纯度

色彩的纯度是指色彩的纯净程度，它表示颜色中所含有色成分的比例。含有色彩成分的比例越大，则色彩的纯度越高，含有色成分的比例越小，则色彩的纯度也越低。可见光谱的各种单色光是最纯的颜色，为极限纯度。当一种颜色掺入黑、白或其他彩色时，纯度就产生变化。当掺入的色达到很大的比例时，在眼睛看来，原来的颜色将失去本来的光彩，而变成掺和的颜色了。当然这并不等于说在这种被掺和的颜色里已经不存在原来的色素，而是由于大量的参入其他彩色而使得原来的色素被同化，人的眼睛已经无法感觉出来了。

有色物体色彩的纯度与物体的表面结构有关。如果物体表面粗糙，其漫反射作用将使色彩的纯度降低；如果物体表面光滑，那么，全反射作用将使色彩比较鲜艳（图3-6）。

3. 明度

明度是指色彩的明亮程度。各种有色物体由于它们的反射光量的区别而产生颜色的明暗强弱。色彩的明度有两种情况：一是同一色相不同明度。如同一颜色在强光照射下显得明亮，弱光照射下显得较灰暗模糊；同一颜色加黑或加白掺和以后也能产生各种不同的明暗层次。二是各种颜色的不同明度。每一种纯色都有与其相应的明度。黄色明度最高，蓝紫色明度最低，红、绿色为中间明度。色彩的明度变化往往会影响到纯度，如红色加入黑色以后明度降低了，同时纯度也降低了；如果红色加白则明度提高了，纯度却降低了（图3-7）。

有彩色的色相、纯度和明度三特征是不可分割的，应用于UI元素时必须同时考虑这三个因素，准确拿捏这三要素的比例关系，是做好用户界面的基础。

三、色彩视觉

1. 色彩的冷暖感

运用色彩的不同视觉效果，更容易表现产品的属性。色彩本身意义并无冷暖的温度差别，引起人们对色彩冷暖感觉产生心理联想的是视觉因素。

（1）暖色。人们见到红、红橙、橙、黄橙、红紫等色后，就会马上联想到太阳、火焰、热血等物像，产生温暖、热烈、危险等感觉。

（2）冷色。见到蓝、蓝紫、蓝绿等色后，则很易联想到太空、冰雪、海洋、科技等物像，产生寒冷、理智、平静等感觉。

（3）中性色。绿色和紫色是中性色。黄绿、蓝、蓝绿等色，使人联想到草、树等植物，产生青春、生命、和平等感觉。紫、蓝紫等色使人联想到花卉、水

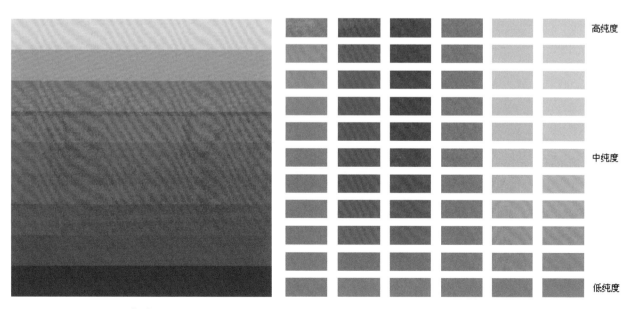

（a）　　　　　　　　　　　　　　　　　　　　（b）

图3-6　纯度对比

晶等稀贵物品，故易产生高贵、神秘的感觉。至于黄色，一般被认为是暖色，因为它使人联想起阳光、光明等，但也有人视它为中性色，当然，同属黄色相，柠檬黄显然偏冷，而中黄则感觉偏暖。

色彩的冷暖感觉，不仅表现在固定的色相上，而且在比较中还会显示其相对的倾向性。如同样表现天空的霞光，用玫红画早霞那种清新而偏冷的色彩，感觉很恰当，而描绘晚霞则需要暖感强的大红了。但是

与橙色对比，前面二色又都加强了寒感倾向。

人们往往用不同的词汇表述色彩的冷暖感觉，暖色——阳光、不透明、刺激的、稠密、深的、近的、重的、男性的、强性的、干的、感情的、方角的、直线型、扩大、稳定、热烈、活泼、开放等。冷色——阴影、透明、镇静的、稀薄的、淡的、远的、轻的、女性的、微弱的、湿的、理智的、圆滑、曲线型、缩小、流动、冷静、文雅、保守等（图3-8）。

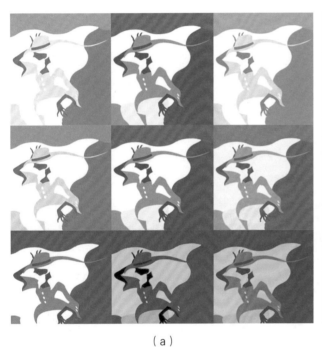

（a）

（b）

图3-7　明度对比

（a）

（b）

图3-8　色彩冷暖

（a）

（b）

图3-9　色彩空间感

（a）

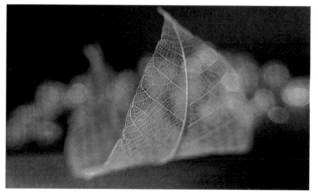

（b）

图3-10　色彩质感

2. 色彩的空间感

在设计用户界面时，巧妙合理的对色彩进行搭配，能在有限的界面中制造层次多样的空间感。这是由各种不同波长的色彩在人眼视网膜上的成像有前后，红、橙等光波长的色在后面成像，感觉比较迫近，蓝、紫等光波短的色则在外侧成像，在同样距离内感觉就比较后退。

实际上这是视错觉的一种现象，一般暖色、纯色、高明度色、强烈对比色、大面积色、集中色等有前进感觉，相反，冷色、浊色、低明度色、弱对比色、小面积色、分散色等有后退感觉。由于色彩有前后的感觉，因而暖色、高明度色等有扩大、膨胀感，冷色、低明度色等有显小、收缩感（图3-9）。

3. 色彩的质感

色彩的质感主要与色彩的明度有关。明度高的色彩使人联想到蓝天、白云、彩霞及许多花卉还有棉花，羊毛等。产生轻柔、飘浮、上升、敏捷、灵活等感觉。明度低的色彩易使人联想钢铁，大理石等物品，产生沉重、稳定、降落等感觉。

色彩的质感主要也来自色彩的明度，但与纯度亦有一定的关系。明度越高感觉越软，明度越低则感觉越硬，但白色反而软感略改。明度高、纯度低的色彩有软感，中纯度的色也呈柔感，因为它们易使人联想起骆驼、狐狸、猫、狗等好多动物的皮毛，还有毛呢，绒织物等。高纯度和低纯度的色彩都呈硬感，如它们明度又低则硬感更明显。色相与色彩的软、硬感几乎无关（图3-10）。

第二节　图形与文字

在UI设计的构成要素中有两大基本元素，一个是图形，另一个就是文字。将文字与图形相互搭配来传递信息常常能达到理想的传达效果，在交互界面中图像和文字相辅相成才能进行最有效的说明。在各类视觉传达的设计中也是如此，图形虽然具有色彩、样式都可用于传达信息的优势，但有时也会产生画面主旨不明确引发用户理解歧义的情况；文字的表述能力强，传达信息准确，然而如果界面中的文字部分太多，陈述过于烦琐，失去了交互体验本应具有的趣味性，也会导致用户交互兴趣的流失。所以在设计用户界面时，将图形和文字部分合理搭配使用进行信息传达，可以在很大程度上避免自身的弊端，这样的UI设计具有最直观的传达作用，以及最高的明确性。协助用户在体验界面时能顺利、便捷地接收信息。

一、图形的意义

（a）

（b）

图3-11　图像元素

图像是客观对象的一种相似性的、生动性的描述或写真，是人类社会活动中最常用的信息载体。或者说图像是客观对象的一种表示，它包含了被描述对象的有关信息。它是人们最主要的信息源。据统计，一个人获取的信息大约有75％来自视觉。广义上，图像就是所有具有视觉效果的画面，它包括：纸介质上的、底片或照片上的、电视、投影仪或计算机屏幕上的。图像根据图像记录方式的不同可分为两大类：模拟图像和数字图像。模拟图像可以通过某种物理量（如光、电等）的强弱变化来记录图像亮度信息，如模拟电视图像，而数字图像则是用计算机存储的数据来记录图像上各点的亮度信息（图3-11）。

UI元素图像样式的设计，本质也是对图像进行分析、加工和处理，使其满足视觉、心理以及其他要求的技术。元素界面图像是信号处理在图像域上的一个应用。大多数的图像是以数字形式存储，因而图像处理很多情况下指数字图像处理。此外，基于光学理论的模拟图像处理方法依然占有重要的地位。图像处理是信号处理的子类，另外与计算机科学、人工智能等领域也有密切的关系。传统的一维信号处理的方法和概念很多仍然可以直接应用在图像处理上，比如降噪、量化等。然而，图像属于二维信号，和一维信号相比，它有自己特殊的一面，处理的方式和角度也有所不同。

几十年前，图像处理大多数由光学设备在模拟模式下进行。由于这些光学方法本身所具有的并行特性，至今他们仍然在很多应用领域占有核心地位，例如全息摄影。但是由于计算机速度的大幅度提高，这些技术正在迅速的被数字图像处理方法所替代。从通常意义上讲，数字图像处理技术更加普适、可靠和准确。比起模拟方法，它们也更容易实现。专用的硬件被用于数字图像处理，例如，基于流水线的计算机体系结构在这方面取得了巨大的商业成功。今天，硬件解决方案被广泛的用于视频处理系统，但UI界面图像的处理任务基本上仍以软件形式实现，运行在通用个人电脑上（图3-12）。

二、文字的意义

有些追求视觉效果直观化的UI元素会以文字作为界面主体，在人与人的日常交流的中，文字是语言信息的载体，当文字出现在用户界面中，它又是具有通俗性和识别性的符号。设计师往往会对文字进行艺术化的处理，起到通过文字表达语言本身所含的概念的同时，还可以以视觉图形的方式来传递信息，增加了用户阅读文字时的趣味性。实际上，就趣味性来说，文字本身也是可以依靠语气、语速、语调，对应文本中的标点符号来制造语言环境的。

通常说"一个人讲话的时候手舞足蹈"，讲话时人物的表情、姿态和手势都是为加强语言的传递效果，作为补充，如同这样表述时的肢体语言，设计师也需要相关元素辅助文字进行表述，借用文字的字体风格、规格样式，运用不同的编排形式，传递的情感信息也不尽相同。

例如，很多电影的宣传海报中出现的文本电影名称，往往会配合电影的类型，做出效果不同的字体风格和样式，还会相应的附加一些火焰、裂开、气泡等效果增强表达环境。文字因其直观的传达能力，是用户界面中作为输出信息所用的主要元素，而界面中，如果一味地强调信息传输部分，也就失去了交互过程中用户与界面之间互动的意义。所以合理地运用视觉因素，将文字从样式大小到疏密排列都融入图形设计

图3-12　界面图像

的基本原理，能为文字在传递信息的基础上，呈现出更多的视觉引导意义（图3-13）。

文字因其本身较高的可读性和明确性，是用户界面中交互过程的引导元素。文字的样式和排版设计能够提高界面信息的易读程度。通过对文字元素进行风格整理，它在界面中具有加强审美性与视觉冲击力的价值，从而获得良好的交互效果。文字适应于界面中的主题内容，欲传达的信息含义。

文字的字体、色彩、形态和表现形式由所处环境来决定，是保证不与界面其他元素冲突的必要条件。文字的主要功能在于保证信息准确传递给界面用户。文字对应的标点符号等要素具有造成文字本身语气态度的作用，同样需要参考环境进行选择。进行字体创作时也应保证形态的易识别性，不能一味追求画面效果，而将文字过分艺术化，导致本身语意难以识别，失去了原本的文字意义。在对信息传递要求较为严格，对传达准确性质量有一定要求的情况下需要合理安排易于识别的文字样式。

人们在阅读时，对于形态怪异、粗细、比例异常字体的阅读会带有一定排斥，在阅读时相对应所

图3-13 文本元素

需要花费的时间也就更多，这样便会造成阅读不流畅，导致交互效率降低。合理的文字排列与分布对于版式布局具有积极作用，让用户在不知不觉中接收到文字信息，而非刻意、主动的阅读。为文字安排不同风格，在理性化的范围内进行创意发挥，在不妨碍文字传达的基础上创造美感，以增强界面效果（图3-14）。

图3-14 文本界面

第三节　声音和画面

一、音频元素

在界面中，很多UI元素的功能是作为调节音频的按钮存在的，随着互联网技术的发展，越来越多的交互设计中出现了音频元素的使用，在听觉上为用户打造更生动的交互。

当用户接触到音乐和视频时，相较于图片和文字所能触发的情感波动更大。为界面配上生动应景的音频效果，对于用户的交互体验会产生积极作用，它可以更加富有表现力的信息，让用户能更容易感受到界面中想要传递的信息（图3-15）。

在人们注重生活质量的当今，音频设备的质量似乎成了检验产品是否跟进科技潮流的标准之一，除了质量方面，音频在交互界面中的使用还有一些其他的运用技巧。

例如，用户点开一个界面，在无法保证用户周围环境适合或心理准备妥当的情况下该音频自动播放了，也是对用户交互过程的一种打扰，因此，这类元素通常有一个点击播放按钮，以供用户选择是否访问。另外，当这种超出用户预期的情况出现时，关闭音频的按钮需要醒目，易用。外放、继续播放、播放音量这种界面因素，都是需要用户根据自身需求自行调整的（图3-16）。

二、画面元素

画面元素是合理安排色彩等元素，由视觉向受众传播某种信息的一种感性语言，画面中的元素都是带有自身意义的，这样的意义在游戏画面中最为常见，下面以游戏画面为例展示画面元素。

1. 愤怒的小鸟

《愤怒的小鸟》是由Rovio Entertainment公司开

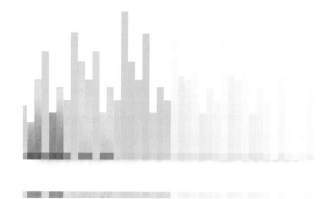

（a）

（b）

图3-15　音频元素

发的一款休闲益智类游戏，于2009年12月首发于iOS，而后在其他平台发行，游戏的交互方式非常简单，用户手指触摸画面中小鸟的元素，以适当抛物线弹出，达到射击目的。

这款游戏的画面迎合当时设计的潮流趋势，高饱和的色彩维度能够刺激人们的视觉感官，便于人们更快的识别场景中各项元素。游戏画面中的空间层次也非常丰富，各形态物体自身的特性饱满，通过交错、叠加、来传递更多的界面空间关系（图3-17）。

作为游戏画面中的主要组成：小鸟的形象，在造型上能看出其对应的不同特性，例如红色小鸟的特点是体型小、重量轻、攻击弱、无特效，可滚动；黄色小鸟的特点是体型较小、重量较轻、特效为加速，使用前攻击弱，使用后攻击中等；黑色小鸟的特点是体型较大、重量重、会爆炸、撞击力强、爆炸力弱、气浪强。

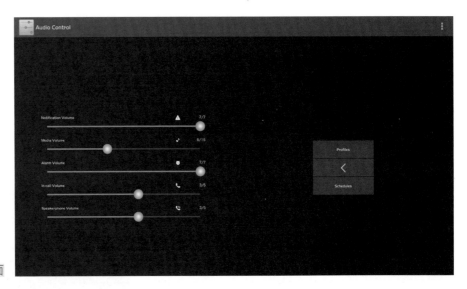

图3-16　音频调整界面

（a）

（b）

图3-17《愤怒的小鸟》画面

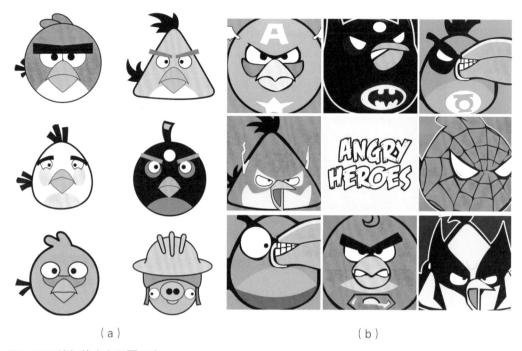

（a）　　　　　　　　　　　　　　　（b）

图3-18　愤怒的小鸟画面元素

这样每个对应其特性的元素，在风格样式上具有一定区别和变化，为方便用户交互操作时更好地进行区分（图3-18）。

2. 植物大战僵尸

《植物大战僵尸》是由宝开游戏开发的一款益智策略类单机游戏，于2009年5月5日发售。玩家通过武装多种植物切换不同的功能，快速有效地把僵尸阻挡在入侵的道路上。其中交互操作充满趣味性，针对不同的敌人有不同的游戏模式，用户的交互体验充满乐趣。

标的形体大都是来自生活中的元素，造型较为写实，在色彩搭配上具有能映衬其本身情感色彩的特点，界面中的UI元素简约而又不失画面表述的准确性。在细节的处理上，注重空间的延伸感，边角的地方也会做一些个性化的处理，让游戏画面更加个性化（图3-19）。

这款游戏中的元素样式都较为圆润，和画面诙谐、幽默的整体风格相呼应，这也是UI元素作为画面组成一部分，顺应画面风格的表现（图3-20）。

3. 我的世界

《我的世界》是一款创造生存类游戏，用户可以在一个三维世界里用各种方块建造建筑物。作为一款高级沙盒游戏，所呈现的世界并不是华丽的画面与特效，而是注重在交互的可玩性上。整个游戏没有剧情，用户在游戏中自由地建设、破坏和冒险。透过像乐高一样的积木来组合与拼凑，轻而易举的就能制作出房屋、城堡甚至城市。若再加上用户自身的想象力，天空之城、地底都市一样都能够实现。不仅可以创造房屋建筑，甚至可以创造属于自己的都市和世界，可以通过自己创造的作品来体验上帝一般的感觉，可

图3-19 《植物大战僵尸》画面

（a）　　　　　　　　（b）　　　　　　　　（c）

图3-20 《植物大战僵尸》画面元素

（a）　　　　　　　　　　　　　　　　（b）

图3-21 《我的世界》画面

以说用户界面通过用户自己来组成。《我的世界》着重于让用户去探索更多的交互模式和界面设计效果（图3-21）。

这款游戏的组成元素全部是马赛克样式，这也是游戏的特色之一，虽然样式简单，但轮廓精确，用色上营造的视觉空间感为画面效果起到积极作用。配合应景的音效，达成良好用户体验效果。就组成元素上来看，《我的世界》确实是一个浓缩的小世界，其中元素对应生活中的物品，一应俱全，样式风格清晰，富有视觉空间感（图3-22）。

综上所述，界面中的音频与画面元素合理搭配，为用户传递信息，也被称作为视听语言。

视听语言是决定UI元素与交互操作如何关联的重要因素。将这个概念运用于界面中便是我们所熟知的各种协调界面元素的方法和各种音乐运用的技巧。这些方法和技巧来自于人们长期的视觉和听觉实践，可以说是完全基于人们的欣赏习惯的，以及来自于人的本性和长期的研究积累。视听语言的定义一直以来都是存在于视觉传达艺术，随其发展而不断变化。

视听语言一词来源于影视学科，在各行业学术交流的开放下，也是UI设计中值得借鉴的理论。我们认为视听语言主要是视觉传达的艺术手段，同时也是大众传媒中的一种符号编码系统。运用于用户界面，作为一种独特的艺术形态，主要内容包括：界面和音频之间的融合关系。设计包括狭义的视听语言和广义的视听语言。狭义是界面与声音之间的组合；广义还要包含了交互过程中每一个组成元素（图3-23）。

完整概念的UI设计是一种思维方式，作为感知力反映生活的艺术方法之一，视觉形象化思维的方法有文字、图形，听觉化元素有声音特效，两者相组合形成声画关系，也就是视听语言。

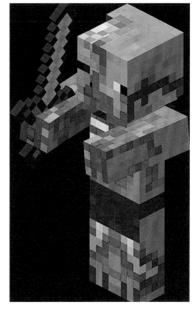

（a）

（b）

图3-22 《我的世界》画面元素

（a）

（b）

图3-23 视听交互

第四节　交互实用原则

UI元素的主要作用是引导用户完成交互操作，随着科技不断进步和发展，交互方式的多样化使用户界面不再局限于视觉和听觉。UI元素也以更为广阔的形式出现在多维界面中。现如今人性化原则称为设计主流，交互在各行各业中的实用性越来越强。

一、全息投影交互

1. 点餐智能化

智能互动点餐，自动结账，这可不是电影里的场景。阿里巴巴旗下的蚂蚁金服打造未来智能餐厅就能达到说走就走的用餐体验。在这家餐厅里，顾客来往不断，却看不到忙前忙后的服务员。这是因为餐厅所使用的大尺寸智能触屏餐桌能代替服务员的服务，顾客在餐桌上方挥动手臂就能滑动菜单，自助点菜下单，还可根据顾客的消费记录进行个性化推荐。蚂蚁金服的展示重点在于自助点餐、自动代扣等功能，而不在于硬件。其实大屏设备在餐饮领域已得到应用，如咖啡连锁企业星巴克，就早已将其作为餐桌使用，蚂蚁金服未来餐厅所使用的是触碰操作。

现在大屏互动领域已研发出实体交互技术，与早期大屏互动技术相比，最新的大屏交互设备的特点是能够识别实物。用户使用实物在屏幕上旋转，即可调出多种指令，不需要滚动和浏览菜单，比手触滚动更为简便。以餐具作为交互工具，也更有趣味性。在国内，也出现了采用实体交互技术的先驱产品。北京锐扬科技研发的锐秀互动台就属于新一代交互设备。利用电容屏表面物体识别技术，它既能通过手触控制，也能通过实物交互。同时，它还支持多屏互动，可以小屏幕操作、大屏幕观看，为互动技术的应用带来更多的可能性。随着人们对效率的要求越来越高、人工服务越来越昂贵，许多人工服务必然将由人机交互来

替代，智能餐桌的普及并不遥远。不仅如此，凭借大尺寸屏幕在观看上的舒适性、交互上的便利性，大屏互动技术还将为展览展示、商品零售等更多传统领域赋能，推动多行业的前进与发展（图3-24）。

2. 全息投影舞台特效

在演唱会上，虚拟的邓丽君身着一袭白色旗袍首次亮相，脸型相似度达98%、惟妙惟肖的动作、神态与歌声，一时间让台下的观众真假难辨［图3-25（a）］。在演唱会现场与听众完成了一场跨时空的对唱。这是采用3D全息投影的技术。3D全息投影是一种利用干涉和衍射原理记录并再现物体真实的三维图像，是一种无需佩戴眼镜的诺利德3D技术，观众可以看到立体的虚拟人物。适用于产品展览、汽车服装发布会、舞台节目、互动、酒吧娱乐、场所互动投影等。

3D全息立体投影设备不是利用数码技术实现的，而是投影设备将不同角度影像投影至进口的MP全息投影膜上，让人们看到不属于自身角度的其他图像，从而实现真正的3D全息立体影像。其技术原理是利用干涉原理记录物体光波信息，被摄物体在激光辐照下形成漫射式的物光束，另一部分激光作为参考光束射到全息底片上，和物光束叠加产生干涉，把物体光波上各点的位相和振幅转换成在空间上变化的强度，从而利用干涉条纹间的反差和间隔将物体光波的全部信息记录下来。记录着干涉条纹的底片经过显影、定影等处理程序后，便成为一张全息图，或称全息照片。

利用衍射原理再现物体光波信息，这是成像过程：全息图犹如一个复杂的光栅，在相干激光照射下，一张线性记录的正弦型全息图的衍射光波一般可给出两个像，即原始像（初始像）和共轭像。再现的图像立体感强，具有真实的视觉效应。全息图的每一

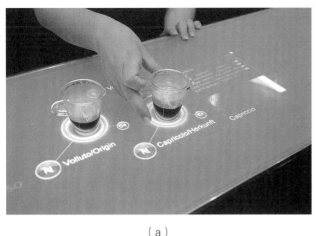

（a）

（b）

图3-24　点餐智能化

（a）

（b）

图3-25　3D全息立体影像

部分都记录了物体上各点的光信息，故原则上它的每一部分都能再现原物的整个图像，通过多次曝光还可以在同一张底片上记录多个不同的图像，而且能互不干扰地分别显示出来。

　　360°幻影成像是一种将三维画面悬浮在实景的半空中成像，营造了亦幻亦真的氛围，效果奇特，具有强烈的纵深感，真假难辨。形成空中幻象中间可结合实物，实现影像与实物的结合。也可配加触摸屏实现与观众的互动。可以根据要求做成四面窗口，每面最大2~4m。可做成全息幻影舞台，产品立体360°的演示，真人和虚幻人同台表演；科技馆的梦幻舞台等［图3-25（b）］。

二、交互新趋势

　　设计是围绕人解决问题，因此对未来交互趋势的预测是细腻的情感体验打磨、达成目标的交互介质、解决问题的效率、发生交互行为的场景这几个方面，探究出了以下几大新的趋势。

1. 全感官体验

　　人有五感，强化体验记忆的最有效方式就是五感相结合。看见、听见信息已成为体验常态，而更真切的感知信息是用户体验升级的客观诉求，全感官体验能更好的打造"身临其境的沉浸式"体验印象。在未来我们将会看到更多以虚拟与实体组合的全感官体验

方式,用户在交互过程中获取更多维的与真实场景匹配的信息反馈(听觉、嗅觉、触觉等),加深对信息的理解和体验记忆。

全感官体验目前在游戏领域有了较为广泛的探索。游戏《星舰指挥官》一改沿用十几年的鼠标、键盘游戏方式,直接以语音驱动进行游戏,同时搭配VR眼镜,真实模拟了指挥官的科幻工作场景,用户可以使用更随意更生动的语句,来实现更多控制动作。另外星舰指挥官还采取了语音控制游戏的交互模式,全感官体验在虚拟现实场景中应用也很多。如Hardlight Suit力反馈背心主打触觉模拟为主的全维度身体感知,这款装备配有16个振动点和触觉传感器,能够为用户提供沉浸其中的虚拟现实体验;VRgluv能让我们感受到与任何目标交互的不同方式,通过触觉反馈技术,对手指的模拟动作以及触感进行真实的还原,这样无论是棒球、射击还是射箭,甚至是手指轻划过头发丝,都可以获得身临其境的沉浸感(图3-26)。

2. 不限于屏幕

人与设备的交互本质上是与信息的交互,信息的载体本就可以不限于屏幕。人达成目标的交互介质有更多屏幕外的拓展,更多"类屏幕产品"或者无屏幕产品出现,运用投影、语音、AR和VR等技术,实现人与设备之间的互动。不限于屏幕这一趋势拓展了用户的可交互空间,丰富了互动场景,使用户可以随时随地获取信息获得服务。

例如,索尼便携投影可实现投影在任何平面,并把这个平面变成可触控的"屏幕"。通过感应探头,可以在平面上翻动网页、运行王者荣耀、切水果等游戏,操作方便、流畅。还可以通过自然的语音交互来帮用户找歌曲播放、找新闻、打电话,等等,并且就像一个朋友一样,只要正常地交流就可以。用户通过佩戴外型轻薄的眼镜,用眼镜上的触摸板来查看天气、打电话、查看消息等,也可以通过语音来控制(图3-27)。

3. 拟人化情感化

新一代索尼aibo机器狗有着更加形象逼真的外型,它会像真正的小狗一样摇摇尾巴、弯弯腿做一系列动作,宛如一只真正惹人怜爱的小狗。aibo还采用新的AI技术,学习周围的环境,具有更强的适应性,和主人有更多情感化的互动。除了aibo机器狗,My Special Aflac Duck是一只毛茸茸具有"心跳""呼吸",能够摇头,甚至可以跳舞的鸭子,它旨在给予儿童癌症患者安抚和陪伴。借助触摸传感器当孩子抚摸它时会有相应的反应,孩子们还可以把不同的情绪卡片,如快乐、悲伤等,插入鸭子胸前,这样它会

(a)

(b)

图3-26 《星舰指挥官》界面

（a）

（b）

图3-27　索尼便携式投影设备

作出不同的动作、发出不同的声音。这只鸭子的传感器还可以和化疗PICC线连接，陪伴孩子一起治疗。Luka，一只拥有灵动大眼睛的猫头鹰是给孩子准备的绘本阅读机器人。绘本放在它的面前，它就可以快速识别绘本，翻动绘本就可以自动阅读给孩子听。此外，Luka还会和孩子互动，发出笑声，会撒娇，还会根据不同的状态作出不同表情（图3-28）。

4．更自然的语音交互

在目前的科技交互中，大多数用户对在线客服这类语音交互并不陌生。在这个类似幽默风趣人类思维

的设备帮助下，获取信息、获得服务的效率大大提高。更注重对话的场景、角色、上下文关联性；会话的结构、语法、词汇更加贴合人与人的交流模式是语音交互发展的趋势。例如，机器不需要被反复唤醒，可进行多轮会话，同时，通过AI技术逐渐学习人类沟通过程中的模糊语义，和人更自然的交流。更自然的语音交互能有效降低用户的学习门槛，降低用户对于机器设备的抵触，促使设备更顺畅地融入用户真实使用场景。

百度总裁李彦宏说："日常生活当中人和人进

（a）

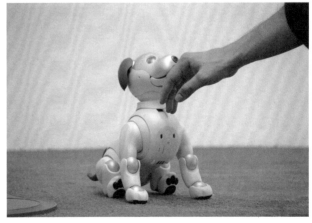

（b）

图3-28　智能机器狗

行交流的时候，不会拉着手才能说话，也不会每说一句话都叫一次对方的名字。"手机百度语音版采用了免唤醒词语音交互，能够不间断聆听用户的语音输入信号，并识别，只需打开语音播报内容模式，直接发出指令如"下一条""大声一点"便可操控，无需每次都唤醒，使人与机器更自然地交流。手机百度（语音版）Nomi车载智能系统，通过机器学习，逐渐能够识别模糊的语义命令。如：给我们拍个合影，Nomi可以自动唤起拍照功能，当和Nomi说车快没油了，它便会导航到最近的加油站，而不再需要输入"帮我查最近的加油站"这样机械的命令。天猫精灵支持类似朋友间的对话，如"来个开心的音乐""今天天气怎么样""明天呢"，这种前后相连的简单对话更贴合真实的用户场景（图3-29）。

5. 人工智能个性化

个性化推荐已经发展数年，大数据和云计算的技术日趋成熟，更加精准、更加智能、与个体个性化需求相匹配的人工智能将成为趋势。产品在先前做推荐、关联的基础上，更多的趋向认知、联想、预测等模式。个性化的人工智能在深入理解用户画像和痛点的基础上，将更好地扫除顾虑、建立用户信任、形成能感知用户心理的交互过程，有效提高用户决策效率，制造体验惊喜，提升产品的用户粘性，更有效的促成商业目标的达成。

过去，基于数据的推荐，主要以筛选内容、关联内容为主。现在个性化推荐系统针对同样的电影海报资源，会分析每个用户的喜好，以匹配个人喜好的视觉风格将电影海报展示在用户面前，增强用户的看片意愿。Netflix根据个人喜好对同一电影海报做不同风格展示，投资理财用户一般需要面对大量数字和K线进行复杂的分析判断，现在招商银行摩羯智投通过机器学习算法提供理财服务，智能量化、甄选产品、风险监控，为用户决策提供了更加便捷的方式（图3-30）。

（a）

（b）

图3-29　天猫精灵

图3-30 个性化界面

目前，在线教学多数是依据固定的课程大纲进行学习，个性化学习计划平台强调"以学生为中心"，探索式的学习模式。一方面，给学生更多关于其学习的速度和方向的命令，随时为学生提供其需要的学习资源，另一方面，使教师的行为更像是"教练"，他们通过学术标准监测学生是否按照他们的要求学习。

6. 更高效更低成本

随着生物识别、语言识别、网络提速、硬件升级等技术的发展，机器对人类的意图、事物的理解、复杂问题的认知越来越深入，更高效更低成本的交互方式将使学习成本降低，操作和反馈的效率更高，一定程度上缩短了体验路径、解放了双手双眼。不断强大的机器辅助能力，有效解放用户的大脑，使人更好的聚焦决策和创意。例如，生物识别技术精度的大幅提升，使支付等身份认证环节前所未有的安全、快捷且便利；语音交互因其可以在同一时间处理多项任务的特性，正在场景化的体验中发挥出巨大的优势；工具类AI帮助用户解决了烦琐的数据分析、处理等操作，使其可以专注于沟通交流、创意创作。

Vivo手机展示了为全面屏智能手机设计的屏下指纹技术，取名为clear ID。这一技术识别速度快，连湿手也可以解锁，解锁更便捷；三星S8采用先进的虹膜识别技术来解锁手机，当你拿起三星S8手机，注视屏幕上的两个圆，手机会扫描你的虹膜，从而识别用户身份，简单高效；iphoneX采用了新的身份认证——FaceID，通过手机"齐刘海"的原深感摄像头的扫描来感知用户的面部特征，记住用户的脸部信息并快速识别。借助图片识别，不仅可以快速知道所查询对象的描述信息，而且还能知道它是什么样的。具有同样功能的Microsoft Seeing AI也可以利用人工智能的力量，识别、描述所拍的事物，进行认知、理解、转述。人工智能可以认出图中是什么，还可以对其进行描述，甚至对场景进行叙述，这一应用可帮助视觉障碍人群理解这个世界。Seeing AI在设计工具领域，设计一张海报，传统的方式需要借助商业图库，花费大量时间和人力来做素材筛选的工作；后来随着技术发展，提供了以图搜索的方式，提高了筛选效率；未来，大数据+人工智能辅助创作将会广泛普及，让人能够把更多的精力聚焦在创意上。Adobe Sensei提供基于云平台的数据服务，图片的查找和筛选会根据设计者的需要实时关联、帮助发现和搜索素材，基于大数据进行建模，预测设计方案，更加高效的辅助创作（图3-31）。

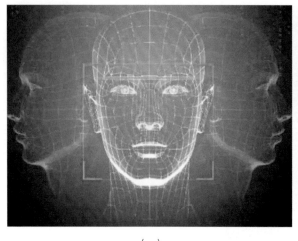

（a）

（b）

图3-31　人脸识别

课后练习

1. UI构成元素有哪些？

2. 色彩的冷暖在UI设计中有哪些应用？

3. 声音对界面交互有哪些积极作用？

4. 你认为图像和文字哪一种传输形式更有效率，谈谈你的观点。

5. 查阅相关资料，简单阐述未来交互设计的UI形式会有怎样的发展。

第四章
硬件界面设计

学习难度：★ ★ ★ ★ ☆
重点概念：硬件界面、交互形式、设计理念

◁ 章节导读

　　一提到UI元素、交互设计这类字眼，人们脑海中联想到的往往是色彩搭配靓丽、风格讨巧的软件界面。诚然，在现如今这样一个科技发展迅猛、生活节奏快、凡事追寻高效率的时代，软件在设计类专业领域上凭借自身丰富的视觉化元素，先入为主地占据了人们对交互的认知，毫无疑问也是当今交互类市场的主流。然而人机交互的定义并非只是单纯的识别图标—点击界面—链接代码这样浅显，用户通过其他感知对硬件进行操作的过程，同样属于交互设计的范畴，甚至不夸张地说，用户与硬件之间的交互能更加直观的体现科技服务于人类生活的本质（图4-1）。

图4-1　硬件交互

第一节　硬件交互

一、传输原理

　　认识界面设计，首先要了解的是计算机硬件是如何交互的这一问题，电脑的软件将指令传达给硬件离不开电脑的硬件：CPU（中央处理器）、RAM（内存）、Hard Disk（硬盘）、BIOS（基本输入输出系统）等，设计师通过电脑操作系统，编译器，应用软件等，配合完成指令的编写（图4-2）。

（a）

（b）

图4-2　硬件设备

完成硬件交互设计过程中起到关键性作用的是CPU和操作系统的交互。CPU拥有ISA（指令集），操作系统通过将高级语言编写的程序转化为汇编语言，即是一种能被CPU翻译成机器语言的特定汇编语言，之后进一步转化为CPU能够识别的机器语言，CPU利用自身的指令集将二进制代码翻译为相应的指令。这个步骤涉及到信息的传输，数字信号作为一种信息在是以电磁波或者电信号的形式传输的。以电信号为例，数字信号依靠电流的有无或电压的高低分别代表1或0，只要电流或电压不高于某上限值，都会被认为代表0；只要电流或电压不低于某下限值，都会被认为代表1，当然同一电路中下限值一定大幅度

高于上限值，电流或电压略高或略低写并不影响其含义（图4-3）。

认识到计算机硬件的交互原理以后，硬件与软件的交互问题就变得清晰了。计算机作为储存器，为软件的载体。其中包括有硬盘、CMOS芯片、BIOS芯片、内存条、软盘、光盘等。构成存储器的存储介质，目前主要采用半导体器件和磁性材料。存储器中最小的存储单位就是一个双稳态半导体电路或一个CMOS晶体管或磁性材料的存储元，它可存储一个二进制代码。由若干个存储元组成一个存储单元，然后再由许多存储单元组成一个存储器。

所以，与其说软件与硬件的交互，软件实质属于

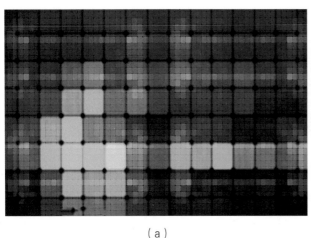

（a）

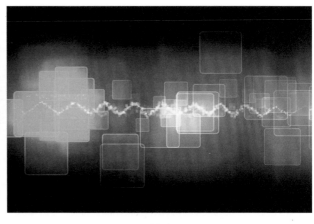

（b）

图4-3　信息传输

硬件的一部分，它是以二进制代码的形式通过硬件的半导体器件和磁性材料存储于硬件存储器中（图4-4）。

无论是操作软件还是硬件，设备在后台精密严谨的处理数据的流程是一样的，交互对于用户而言仅仅是简单的触控界面后获得设备正确响应，而设备在后台进行作业的复杂程度远远超过其表面。以电脑为例，在电脑通过电流后，根据电路、模电、数电原理，存储在硬件存储器中的信息有了充足的动力开始运作，信息以电压或电流的形式传输起来，实际上由简单的二进制的高低信号构成了复杂的物理动作，这些物理动作可以被称为做指令集，可以理解为，物理动作就是0与1组成的机器语言，指令集可以根据二进制信号明白对方的意思，作出加减乘除运算，然后进行存储或者传输等动作。

完整的描述为：CPU从存储器或高速缓冲存储器中取出指令，放入指令寄存器，并对指令译码。它把指令分解成一系列的微操作，然后发出各种控制命令，执行微操作系列，从而完成一条指令的执行。如果加法运算产生一个对该CPU处理而言过大的结果，在标志暂存器里，运算溢出标志可能会被设置。信息的传输和指令的执行都是以晶振周期为最小单位时间动作的。每一个有思想的硬件都是有类似于CPU这样的芯片的。它们其中集成了一些指令集，可以听懂"别人的话"。如硬盘有硬盘控制器，处理器本身有控制器；CMOS芯片只有存储功能，对于硬件参数比对的工作还需要交给CPU来做。操作系统之所以重要，是因为它是硬件与应用软件的中间人，它将通过自己的平台开发出来的应用程序解析为汇编语言和机器语言与硬件交互。

以上如此周密的运作法则，是不可能直接呈现在用户眼前，这便是UI设计孕育而生的由来，它将复杂的东西简单化，为严谨的流程提供轻松愉悦的环境。是科技和生活之间的媒介（图4-5）。

计算机的发明是20世纪最重要的事件。人类可以设计这样一个精密机械展示人类的智慧。事情的复

图4-4　交互原理

图4-5　交互流程

杂性也源自于最基本的东西。计算机的复杂性在于它的高速度和准确度，这是最基本的电子管完成，晶体管和集成电路，所有这些都为服务于用户与硬件设备的交互。人类历史的另一伟大发明是第三代信息载体。它是信息传播的载体，是信息传递的物质基础，同样是记录、传递、积累和储存信息的实体。物理载体以能量和介质为特征，利用声波、光波和波来传输信息，以物理形式记录为特征。它使用纸张、胶卷、胶片、磁带和磁盘来传送和储存信息。信息和计算机是相互依存的，没有信息，计算机就是一堆废铁；没有计算机，现代科技发展就不会因为信息处理效率发展得这么迅速。

总的来说，在交互设计中，软件在硬件中传输，经由硬件得以执行，然后又借以软件的形式存储在硬件中，这两者是相辅相成的。信息载体是在信息传播中携带信息的媒介，是信息赖以附载的物质基础，即

用于记录、传输、积累和保存信息的实体。信息载体包括以能源和介质为特征，运用声波、光波、电波传递信息的无形载体和以实物形态记录为特征，运用纸张、胶卷、胶片、磁带、磁盘传递和贮存信息的有形载体。信息本身不是实体，只是消息、情报、指令、数据和信号中所包含的内容，必须依靠某种媒介进行传递。信息载体的演变，推动着人类信息活动的发展。从某种意义上说，信号革命就是信息载体的革命（图4-6）。

人类在原始时代就开始使用语言，世界上口头语言约3500种，语言是人类传递信息的第一载体，是社会交际、交流思想的工具，是人类社会中最方便、最复杂、最通用、最重要的信息载体系统。随着生产的发展和社会的不断进步，出现了信息的第二载体——文字。世界上有500多种文字在使用。文字的发明，为信息的存贮、记载和远距离传递提供了可能，是人类的一大进步。电报、电话、无线电的发明，使大量信息以光的速度传递，沟通了整个世界的联系，人类信息活动进入了新纪元。

电磁波和电信号成为人类的第三信息载体。随着信息量的剧增，信息广泛交流，需要容量更大的信息载体。计算机、光纤、通信卫星等新的信息运载工具成为新技术革命形势下主要的信息载体。一根头发丝粗细的光纤可以同时传输几十万路电话或上千路电视。卫星通信可把信息会到世界任何一个角落，新的信息载体必将导致新的信息革命，UI交互的发展也会随之同行，在艺术设计之外的领域与时俱进。

二、交互发展

现如今硬件设备不断进步，科技产品也越来越智能化，例如近几年席卷移动设备市场的智能手机等。其实，智能硬件指的就是使用者能与产品的交互近似于人与人之间交互的硬件产品。例如，相比市场上的普通智能电视，拥有智能硬件的电视应该是可以通过了解用户的行为偏好，做出精准的内容推送。又如，用户有在每周的特定时间观看某个电视节目的习惯，那当我在那个时间段打开电视的时候，应该直接显示出我要看的电视台。再比如，当用户想看电影但没有明确目标的时候，智能电视应能够准确给我推荐，同时自动排除已观看过的影片等（图4-7）。

智能硬件方便快捷，通常具有，越来越简单化、拥有海量数据、支持与多硬件联动的特点。

真正的智能硬件一定会让控制性设置越来越简

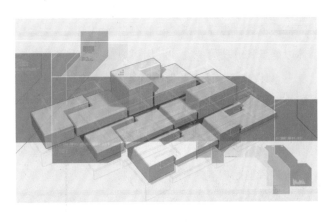

（a）

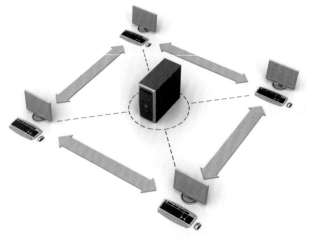

（b）

图4-6 传输媒介

化，而不是强化各种控制设置，纵观近年来科技产品的发展不难推断出：未来的智能硬件是向着简化控制的方向发展的。省时、省事、省力是智能设备的基本原则，智能硬件的本质是简化各种操作，帮助消费者实现高效率的便捷操作才是目的。真正的智能硬件是非常容易学习的，不用看说明书只看UI按钮就能知道应该如何操作。

智能硬件要依靠数据来驱动，智能硬件的智能行为之所以能够发生，是因为大量数据在发挥着作用，而且这些数据是海量的，且类型不一，需要多种硬件来收集并实现共享，因此真正的智能硬件一定是多硬件联动的（图4-8）。

图4-7　智能设备

图4-8　智能交互

第二节　交互方式

一、遥控识别

遥控器是一种用来远控机械的装置。现代的遥控器，主要是由集成电路电板和用来产生不同讯息的按钮所组成。工业遥控器是利用无线电传输对工业机械进行远距离操作控制或远程控制的一种装置，通常载频介质是红外线和超声波等。

遥控是用户通过硬件设备对界面图标进行交互操作的一种方式。常见的家用电器中都有它的存在。现如今，得益于科技的发展，很多设备的遥控装置可以在手机等设备上进行操作，其输出原理和传统遥控器是一样的（图4-9、图4-10）。

二、坐标定位

坐标定位是通过相应设备感知位移方向后向计算机传输，借用系统显示的纵横坐标定位指示器，进而完成交互操作的方式。滚动球最广泛最常见的运用是鼠标，鼠标诞生于20世纪60年代中期［图4-11（a）］，伴随科技的发展和进步形式历经简陋到精密，其演变过程也具有交互设计的缩影。

现在使用的鼠标虽然样式普及，但实际上它并非是最早期的鼠标样式，最早的鼠标原型仿佛是一个木盒，下面配有两个轮子，可以在水平和垂直方向操作移动。以现代的科技眼光来看，这台鼠标的样式似乎有失审美水准，不过在当时的交互设计领域，这是一项里程碑式的发明，最终这项授权被提供给了苹果公司。乍现的灵光让不少科技公司着手于类似项目的研发，很快德国的一家公司设计出了带有球形结构的鼠标，不同于之前的"木盒"，轮子和坐标轴线被更加灵活的球形结构代替了，正是从那时开始，现代鼠标的雏形逐渐形成［图4-11（b）］。

随后为完善更好的交互体验，鼠标系统又开发了光学模型、滚轮等代替滚动球的一定方式，值得一

图4-9　传统遥控

图4-10　界面遥控

（a）

（b）

图4-11　早期鼠标形象

图4-12　硬件图标

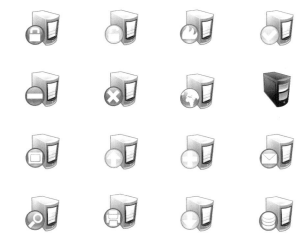

图4-13　状态图标

提的是在20世纪50年代研发出的轨迹球技术，它通过滚动暴露在外面的球对屏幕上的光标进行控制。2000年，微软将这项技术与轨迹跟踪技术结合起来，用手指或拇指就能利用突出的、颜色亮丽的轨迹球进行精确定位。硬件交互设计在当下的阶段已经有了相当牢固的科技支持。

三、其他运用

（1）将驱动设备接入USB端口，电脑界面往往会弹出一个小图标，提示用户接入设备的安装状态（图4-12）。

（2）将电脑中的文件做删除、复制等处理，都会弹出相应的硬件交互图标（图4-13）。

（3）手绘板也是硬件交互形式的一种。

（4）网络连接、蓝牙配对等，都属于用户与界面之间的交互过程。

（5）硬件交互设计并非仅存在于艺术设计领域，2012年宝马和thermaltake公司确定合作关系，他们研发出的10M是一件科技感十足的超级工业产品。

－ 补充要点 －

VR交互科技

虚拟现实技术是仿真交互的一个重要方向，是仿真技术与计算机图形学、人机接口技术、多媒体技术、传感技术、网络技术等多种技术的集合。为一门富有挑战性的交叉技术活跃在当今交互领域作前沿，虚拟现实技术主要包括模拟环境、感知、自然技能和传感设备等方面，用户界面也不再是单纯的屏幕，在VR的世界中，用户界面可以是多维的：界面的模拟环境由计算机生成实时动态的三维立体逼真图像。理想的VR应该具有一切人所具有的感知，甚至未来的VR交互设计中，也许不会将视觉作为设计的第一要素，除计算机图形技术所生成的视觉感知外，还有听觉、触觉、力觉、运动等感知，甚至还包括嗅觉和味觉等，也称为多感知。自然技能是指人的头部转动，眼睛、手势或其他人体行为动作，由计算机来处理与参与者的动作相适应的数据，并对用户的输入做出实时响应，并分别反馈到用户的五官，传感设备也就是指三维交互设备。虚拟现实技术的发展史大概可分为四个部分（表4-1）。

表4-1　虚拟现实技术发展史

序号	时间	阶段
1	1963年以前	有声形动态的模拟是蕴涵虚拟现实思想
2	1963～1972	虚拟现实萌芽
3	1973～1989	虚拟现实概念的产生和理论初步形成
4	1990～2004	虚拟现实理论进一步的完善和应用

目前，VR技术在多个领域都有用武之地，医学领域可供医生用来寻找最佳手术方案并提高熟练度；军事领域另外利用VR技术模拟零重力环境，寻找各种环境下的训练的方法；也可为应急演习提供全新的开展模式，节约人力物力资源，降低投入成本，提高训练频率。

第三节　UI硬件界面设计案例

本节案例均采用Photoshop CS制作，并附教学视频，请用手机扫二维码下载观看。

一、时钟

1. 新建画布

使用矩形工具框选出正方形形状，填充色选择R：11、G：94、B：52，赋予智能滤镜，选择动感模糊和高斯模糊；继续创建一个较小的正方矩形，填充色为：R：5、G：76、B：41，同样赋予智能滤镜，选择合适数值的动感模糊和高斯模糊，制作投影效果（图4-14）。

2. 新建图层

创建一个正方形形状，图层样式为：斜面和浮雕样式选择内斜面，方法选择平滑，深度100%，方向选择上，大小25个像素，软化0个像素，阴影角度为90°，勾选使用全局光，高度为30°，高光模式选择滤色，颜色为白色不透明度50%，阴影模式为正常，颜色选择浅蓝色，不透明度50%；内阴影混合模式为正常，颜色白色，不透明度46%，角度90°，勾选使用全局光，距离为3个像素，阻塞0%，大小为0个像素；渐变叠加混合模式为正常，不透明度调整为100%，渐变参数选择（位置0%颜色为浅蓝色，不透明度100%；位置100%颜色为白色，不透明度100%）勾选与图层对齐，样式为线性，角度90°，缩放100%（图4-15）。

3. 创建外正圆形

新建图层，创建一个正圆形状，图层样式为：斜面和浮雕样式选择外斜面，方法选择平滑，深度240%，方向选择上，大小45个像素，软化0个像素，阴影角度为90°，勾选使用全局光，高度为30°，高光模式选择正常，颜色为白色不透明度82%，阴影模式为正常，颜色选择浅蓝色，不透明度68%；渐变叠加混合模式为正常，不透明度调整为100%，渐变参数选择（位置0%颜色为白色，不透明度100%；位置100%颜色为浅蓝色，不透明度100%）勾选与图层对齐，样式为线性，角度90°，缩放100%（图4-16）。

4. 创建内正圆形

新建图层，创建一个正圆形状，图层样式为：渐变叠加混合模式为正常，不透明度调整为100%，渐变参数选择（位置0%颜色为R：119、G：224、B：210，不透明度100%；位置100%颜色为R：54、G：180、B：169，不透明度100%）勾选与图层对齐，样式为线性，角度90°，缩放100%（图4-17）。

5. 绘制三角形刻度标识

新建图层，用钢笔工具绘制三角形状作为刻度标识（图4-18）。

6. 绘制指针

新建图层图层样式分别为：渐变叠加混合模式为正常，不透明度调整为100%，渐变参数选择（位置0%颜色为R：0、G：62、B：55，不透明度100%；位置100%颜色为R：1、G：92、B：81，不透明度100%）勾选与图层对齐，样式为线性，角度90°，缩放100%；外发光混合模式为正常，不透明度22%，杂色0%（颜色参数位置0%颜色R：7、G：122、B：95，不透明度100%；位置100%颜色为白色，不透明度0%），图素方式为柔和，扩展0%，大小10个像素；投影混合模式为正常，颜色选择参数为R：3、G：131、B：101，不透明度调整为74%，角度为90°，勾选使用全局光，距离15个像素，扩展0个像素，大小10个像素（图4-19）。

7. 绘制中心外正圆

新建图层，图层样式分别为：渐变叠加混合模式为正常，不透明度调整为100%，渐变参数选择（位置0%颜色为R：138、G：237、B：221，不透明度100%；位置100%颜色为白色，不透明度100%）勾选与图层对齐，样式为线性，角度90°，缩放100%；外发光混合模式为正常，不透明度22%，杂色0%（颜色参数位置0%颜色R：7、G：122、B：95，不透明度100%；位置100%颜色为白色，不透明度0%），图素方式为柔和，扩展0%，大小10个像素；投影混合模式为正常，颜色选择参数为R：3、G：131、B：101，不透明度调整为74%，角度为90°，勾选使用全局光，距离15个像素，扩展0个像素，大小10个像素（图4-20）。

8. 绘制中心内正圆

新建图层，图层样式分别为：渐变叠加混合模式为正常，不透明度调整为100%，渐变参数选择（位置0%颜色为R：217、G：249、B：238，不透明度100%；位置100%颜色为R：171、G：224、B：215，不透明度100%）勾选与图层对齐，样式为线性，角度90°，缩放100%（图4-21）。

9. 绘制投影效果

新建图层，绘制一个正圆形状图层样式分别为：内阴影混合模式为正

图4-14 新建画布

图4-15 新建图层

图4-16 创建外正圆形

图4-17 创建内正圆形

图4-18 绘制三角形刻度标识

图4-19 绘制指针

图4-20　绘制中心外正圆　　　　　图4-21　绘制中心内正圆　　　　　图4-22　绘制投影效果

常，颜色参数为R：22、G：104、B：98，不透明度52%，角度45°，勾选使用全局光，距离为25个像素，阻塞0%，大小为30个像素；投影混合模式为正常，颜色选择白色，不透明度调整为74%，角度为90°，勾选使用全局光，距离3个像素，扩展0个像素，大小0个像素（图4-22）。

二、天气

1. 新建图层

绘制一个正圆形状，图层样式为：渐变叠加混合模式为正常，不透明度调整为100%，渐变参数选择（位置0%颜色为R：255、G：255、B：255，不透明度100%；位置15%颜色为R：155、G：155、B：155，不透明度100%；位置28%颜色为R：255、G：255、B：255，不透明度100%；位置41%颜色为R：155、G：155、B：155，不透明度100%；位置54%颜色为R：255、G：255、B：255，不透明度100%；位置64%颜色为R：155、G：155、B：155，不透明度100%；位置77%颜色为R：255、G：255、B：255，不透明度100%；位置89%颜色为R：155、G：155、B：155，不透明度100%；位置100%颜色为R：255、G：255、B：255，不透明度100%）勾选与图层对齐，样式为角度，角度90°，缩放100%；投影混合模式为正片叠底，颜色选择黑色，不透明度调整为59%，角度为

90°，距离3个像素，扩展0个像素，大小6个像素（图4-23）。

2. 复制图层

将上步骤的正圆复制一层，调整大小。图层样式为：内阴影混合模式为正片叠底，颜色黑色，不透明度81%，角度90°，勾选使用全局光，距离为0个像素，阻塞0%，大小为7个像素；渐变叠加混合模式为正常，不透明度调整为100%，渐变参数选择（位置0%颜色为R：255、G：255、B：255，不透明度100%；位置15%颜色为R：155、G：155、B：155，不透明度100%；位置28%颜色为R：255、G：255、B：255，不透明度100%；位置41%颜色为R：155、G：155、B：155，不透明度100%；位置54%颜色为R：255、G：255、B：255，不透明度100%；位置64%颜色为R：155、G：155、B：155，不透明度100%；位置77%颜色为R：255、G：255、B：255，不透明度100%；位置89%颜色为R：155、G：155、B：155，不透明度100%；位置100%颜色为R：255、G：255、B：255，不透明度100%）勾选与图层对齐，样式为角度，角度90°，缩放100%（图4-24）。

3. 再次复制图层

再次复制一层上步骤正圆，调整大小。图层样式为：内阴影混合模式为正常，颜色黑色，不透明度90%，角度90°，勾选使用全局光，距离为0个像素，阻塞0%，大小为5个像素（图4-25）。

4. 继续复制图层

继续复制一层上步骤正圆，调整大小。图层样式为：渐变叠加混合模式为正常，不透明度调整为100%，渐变参数选择（位置0%颜色为R：255、G：255、B：255，不透明度100%；位置15%颜色为R：155、G：155、B：155，不透明度100%；位置28%颜色为R：255、G：255、B：255，不透明度100%；位置41%颜色为R：155、G：155、B：155，不透明度100%；位置54%颜色为R：255、G：255、B：255，不透明度100%；位置64%颜色为R：155、G：155、B：155，不透明度100%；位置77%颜色为R：255、G：255、B：255，不透明度100%；位置89%颜色为R：155、G：155、B：155，不透明度100%；位置100%颜色为R：255、G：255、B：255，不透明度100%）勾选与图层对齐，样式为角度，角度90°，缩放100%（图4-26）。

5. 调整色彩

将上步骤的正圆复制一层，调整大小。图层样式为：内阴影混合模式为正常，颜色白色，不透明度100%，角度90°，勾选使用全局光，距离为1个像素，阻塞0%，大小为1个像素（图4-27）。

6. 制作投影

新建图层，在正圆底部位置勾一条路径，填充成投影（图4-28）。

7. 制作倒影

将上述步骤图层复制，镜像调整到合适位置，降低透明度，制作倒影效果（图4-29）。

8. 绘制天气标志图案

新建图层，图层样式为：内阴影混合模式为正常，颜色黑色，不透明度79%，角度90°，勾选使用全局光，距离为4个像素，阻塞38%，大小为13个像素；投影混合模式为正常，颜色选择白色，不透明度调整为50%，角度为90°，勾选使用全局光，距离1个像素，扩展0个像素，大小1个像素（图4-30）。

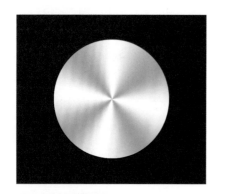

图4-23 新建图层

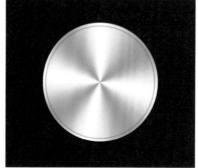

图4-24 复制图层

图4-25 再次复制图层

图4-26 继续复制图层

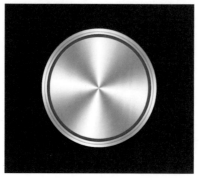

图4-27 调整色彩

图4-28 制作投影

图4-29 制作倒影

图4-30 绘制天气标志图案

三、按键

1. 绘制圆角矩形

新建图层，图层样式为：描边大小1个像素，位置选择外部，混合模式为正常，不透明度为60%，填充类型选择颜色（R：117、G：117、B：117）；渐变叠加混合模式为柔光，不透明度调整为100%，渐变参数选择（位置25%颜色为R：0、G：0、B：0，不透明度100%；位置56%颜色为R：22、G：29、B：39，不透明度100%；位置80%颜色为R：231、G：231、B：231，不透明度100%；位置97%颜色为R：0、G：0、B：0，不透明度100%）勾选与图层对齐，样式为对称的，角度0°，缩放100%；图案叠加的混合模式选择滤色，不透明度100%，选择合适的图案，缩放47%，勾选与图层链接；投影混合模式为正片叠底，颜色选择黑色，不透明度调整为75%，角度为90°，距离2个像素，扩展0个像素，大小8个像素（图4-31）。

2. 绘制圆角矩形厚度

新建图层，调整大小。图层样式为：内阴影混合模式为柔光，颜色白色，不透明度74%，角度-90°，距离为1个像素，阻塞0%，大小为0个像素；内发光混合模式为滤色，不透明度67%，杂色0%，参数选择（位置0%颜色为白色，不透明度100%；位置100%颜色为白色，不透明度0%）图素方式为边缘柔和，阻塞0%，大小为2个像素（图4-32）。

图4-31 绘制圆角矩形

3. 绘制较小的圆角矩形

新建图层，图层样式为：内阴影混合模式为柔光，颜色黑色，不透明度75%，角度120°，距离为17个像素，阻塞0%，大小为40个像素；渐变叠加混合模式为柔光，不透明度调整为68%，渐变参数选择（位置25%颜色为R：0、G：0、B：0，不透明度100%；位置56%颜色为R：22、G：29、B：39，不透明度100%；位置80%颜色为R：231、G：231、B：231，不透明度100%；位置97%颜色为R：0、G：0、B：0，

图4-32 绘制圆角矩形厚度

图4-33　绘制较小的圆角矩形

图4-34　复制矩形

图4-35　继续绘制圆角矩形

图4-36　复制圆角矩形

图4-37　绘制投影

图4-38　输入按键名称符号

不透明度100%）勾选与图层对齐，样式为对称的，角度0°，缩放100%；投影混合模式为柔光，颜色选择白色，不透明度调整为100%，角度为90°，距离1个像素，扩展0个像素，大小0个像素（图4-33）。

4. 复制矩形

复制上步骤矩形，调整大小并为其添加图层蒙版（图4-34）。

5. 继续绘制圆角矩形

新建图层，图层样式为：内阴影混合模式为柔光，颜色白色，不透明度40%，角度-90°，距离为1个像素，阻塞0%，大小为0个像素；渐变叠加混合模式为柔光，不透明度调整为68%，渐变参数选择（位置0%颜色为R：101、G：101、B：101，不透明度100%；位置47%颜色为R：164、G：164、B：164，不透明度100%；位置75%颜色为R：236、G：236、B：236，不透明度100%；位置100%颜色为R：168、G：168、B：168，不透明度100%）勾选与图层对齐，样式为对称的，角度0°，缩放

100%；投影混合模式为正片叠底，颜色选择黑色，不透明度调整为56%，角度为90°，距离1个像素，扩展0个像素，大小0个像素（图4-35）。

6. 复制圆角矩形

将上步骤绘制矩形复制，图层样式为：内阴影混合模式为正片叠底，颜色为R：82、G：94、B：96，不透明度7%，角度119°，距离为8个像素，阻塞0%，大小为18个像素；投影混合模式为柔光，颜色选择白色，不透明度调整为69%，角度为90°，距离1个像素，扩展0个像素，大小0个像素（图4-36）。

7. 绘制投影

用钢笔工具勾勒出选框，使用蒙版或渐变工具将形状效果调整为投影（图4-37）。

8. 输入按键名称符号

新建图层，打出按键名称符号。图层样式为：外发光混合模式为滤色，不透明度100%，杂色0%（颜色参数位置0%颜色为白色，不透明度100%；位置100%颜色为白色，不透明度0%）（图4-38）。

四、话筒

1. 新建画布

新建图层，填充背景色，使用柔光画笔或渐变工具点出背景光晕。创建一个圆角矩形，图层样式为：斜面和浮雕样式选择内斜面，方法选择平滑，深度796%，方向选择上，大小84个像素，软化4个像素，阴影角度为90°，高度为21°，高光模式选择滤色，颜色为白色，不透明度75%，阴影模式为正片叠底，颜色选择黑色，不透明度0%；内阴影混合模式为正片叠底，颜色黑色，不透明度75%，角度120°，距离为10个像素，阻塞7%，大小为46个像素；渐变叠加混合模式为正常，不透明度调整为100%，渐变参数选择（位置66%颜色为R：199、G：201、B：204，不透明度100%；位置100%颜色为R：92、G：94、B：96，不透明度100%）勾选与图层对齐，样式为对称的，角度0°，缩放100%（图4-39）。

2. 绘制支架

新建图层，绘制一个椭圆，图层样式为：渐变叠加混合模式为正常，不透明度调整为100%，渐变参数选择（位置26%颜色为R：179、G：179、B：179，不透明度100%；位置100%颜色为R：102、G：102、B：102，不透明度100%）勾选与图层对齐，样式为线性，角度90°，缩放100%；投影混合模式为叠加，颜色选择白色，不透明度调整为75%，角度为-90°，距离1个像素，扩展0个像素，大小0个像素（图4-40）。

3. 绘制主支架

新建图层，绘制矩形。图层样式为：光泽结构混合模式为正片叠底，颜色选择黑色，不透明度为75%，角度6°，距离14个像素，大小10个像素；渐变叠加混合模式为正常，不透明度调整为100%，渐变参数选择（位置0%颜色为R：0、G：0、B：0，不透明度100%；位置6%颜色为R：135、G：135、B：135，不透明度100%；位置18%颜色为R：77、G：77、B：77，不透明度100%；位置73%颜色为R：255、G：255、B：255，不透明度100%；位置91%颜色为R：135、G：135、B：135，不透明度100%；位置100%颜色为R：164、G：164、B：164，不透明度100%）勾选与图层对齐，样式为线性，角度0°，缩放100%（图4-41）。

4. 绘制延伸支架

新建图层绘制话筒的支架部分，图层样式为：内阴影混合模式为叠加，颜色白色，不透明度75%，角度-90°，距离为2个像素，阻塞0%，大小为1个像素；光泽结构混合模式为正片叠底，颜色选择黑色，不透明度为24%，角度90°，距离8个像素，大小10个像素；渐变叠加混合模式为正常，不透明度调整为100%，渐变参数选择（位置50%颜色为R：191、G：191、B：191，不透明度100%；位置65%颜色为R：255、G：255、B：255，不透明度100%；位置78%颜色为R：143、G：143、B：

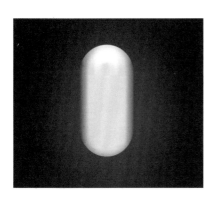

图4-39　新建画布

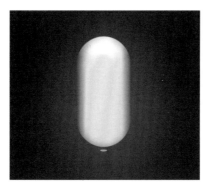

图4-40　绘制支架

图4-41　绘制主支架

143，不透明度100%；位置97%颜色为R：143、G：143、B：143，不透明度100%；位置100%颜色为R：0、G：0、B：0，不透明度100%）勾选与图层对齐，样式为线性，角度90°，缩放100%（图4-42）。

5. 绘制底座中心

新建图层，绘制椭圆，这是话筒的底座部分。图层样式为：渐变叠加混合模式为正常，不透明度调整为100%，渐变参数选择（位置0%颜色为R：255、G：255、B：255，不透明度100%；位置26%颜色为R：179、G：179、B：179，不透明度100%；位置100%颜色为R：102、G：102、B：102，不透明度100%）勾选与图层对齐，样式为线性，角度90°，缩放100%；投影混合模式为叠加，颜色选择白色，不透明度调整为75%，角度为-90°，勾选使用全局光，距离1个像素，扩展0个像素，大小0个像素（图4-43）。

6. 绘制底座

继续新建图层制作话筒底座部分，绘制一个椭圆。图层样式为：描边大小3个像素，位置选择内部，混合模式为正常，不透明度为100%，填充类型选择渐变（位置0%颜色为白色，不透明度0%；位置100%颜色为灰色，不透明度100%），样式为线性，勾选与图层对齐，角度为-90°，缩放100%；内阴影混合模式为正常，颜色黑色，不透明度100%，角度-90°，勾选使用全局光，距离为0个像素，阻塞0%，大小为62个像素；渐变叠加混合模式为正常，不透明度调整为100%，渐变参数选择（位置0%颜色为黑色，不透明度100%；位置100%颜色为黑色，不透明度100%）勾选与图层对齐，样式为线性，角度103°，缩放100%（图4-44）。

7. 绘制底座厚度

新建图层绘制椭圆，为底座添加投影效果。图层样式为：渐变叠加混合模式为正常，不透明度调整为100%，渐变参数选择（位置0%颜色为灰色，不透明度100%；位置100%颜色为黑色，不透明度100%）勾选与图层对齐，样式为线性，角度90°，

缩放100%（图4-45）。

8. 绘制腰线

新建图层创建一个矩形，绘制话筒腰线部分。图层样式为：外发光混合模式为正片叠底，不透明度47%，杂色0%（颜色参数位置0%颜色为黑色，不透明度0%；位置100%颜色为黑色，不透明度0%），图素方法选择柔和，扩展0%，大小为4个像素；投影混合模式为正片叠底，颜色选择黑色，不透明度调整为70%，角度为-90°，距离4个像素，扩展0个像素，大小7个像素（图4-46）。

9. 绘制上半部分

新建图层绘制话筒的上半部分。图层样式为：内阴影混合模式为正片叠底，颜色黑色，不透明度75%，角度-90°，勾选使用全局光，距离为2个像素，阻塞0%，大小为2个像素；颜色叠加混合模式为颜色，颜色选择黑色，不透明度100%；渐变叠加混合模式为正常，不透明度调整为100%，渐变参数选择（位置0%颜色为灰色，不透明度70%；位置100%颜色为白色，不透明度0%）勾选与图层对齐，样式为线性，角度90°，缩放100%；图案叠加的混合模式选择正常，不透明度100%，选择合适的图案，缩放50%，勾选与图层链接；投影混合模式为叠加，颜色选择白色，不透明度调整为100%，角度为-90°，距离1个像素，扩展0个像素，大小0个像素（图4-47）。

10. 绘制下半部分

新建图层绘制话筒的下半部分。图层样式为：斜面和浮雕样式选择内斜面，方法选择平滑，深度100%，方向选择上，大小5个像素，软化5个像素，阴影角度为-90°，勾选使用全局光，高度为21°，高光模式选择滤色，颜色为白色，不透明度34%，阴影模式为正片叠底，颜色选择黑色，不透明度0%；内阴影混合模式为正片叠底，颜色黑色，不透明度100%，角度-90°，勾选使用全局光，距离为5个像素，阻塞52%，大小为51个像素；光泽结构混合模式为正常，颜色选择黑色，不透明度为39%，

图4-42 绘制延伸支架

图4-43 绘制底座中心

图4-44 绘制底座

图4-45 绘制底座厚度

图4-46 绘制腰线

图4-47 绘制上半部分

角度19°，距离47个像素，大小21个像素；渐变叠加混合模式为正常，不透明度调整为100%，渐变参数选择（位置13%颜色为R：117、G：118、B：118，不透明度100%；位置33%颜色为R：126、G：127、B：127，不透明度100%；位置64%颜色为R：0、G：0、B：0，不透明度100%；位置78%颜色为R：126、G：127、B：127，不透明度100%；位置86%颜色为R：0、G：0、B：0，不透明度100%；位置99%颜色为R：0、G：1、B：1，不透明度100%）勾选与图层对齐，样式为线性，角度0°，缩放100%（图4-48）。

11. 绘制两侧

绘制话筒侧边连接部分，新建图层创建椭圆，图层样式为：渐变叠加混合模式为正常，不透明度调整为100%，渐变参数选择（位置0%颜色为R：62、G：62、B：62，不透明度100%；位置46%颜色为R：116、G：116、B：116，不透明度100%）勾选与图层对齐，样式为线性，90°，缩放100%。复制后镜像处理放置在话筒两侧（图4-49）。

12. 增加高光

新建图层，绘制形状为话筒两侧部分添加高光，图层样式为：渐变叠加混合模式为正常，不透明度调整为100%，渐变参数选择（位置0%颜色为R：62、G：62、B：62，不透明度100%；位置46%颜色为R：116、G：116、B：116，不透明度100%）勾选与图层对齐，样式为线性，90°，缩放100%。复制后镜像处理放置在话筒两侧（图4-50）。

13. 添加齿轮效果

新建图层，为话筒两侧添加齿轮效果，图层样式为：内阴影混合模式为叠加，颜色白色，不透明度52%，角度-90°，勾选使用全局光，距离为1个像素，阻塞0%，大小为0个像素；渐变叠加混合模式为正常，不透明度调整为100%，渐变参数选择（位置0%颜色为R：179、G：179、B：179，不透明度100%；位置19%颜色为R：128、G：128、B：128，不透明度100%；位置57%颜色为R：179、G：179、B：179，不透明度100%；位置86%颜色为R：179、G：179、B：179，不透明度100%；位置100%颜色为R：128、G：128、B：128，不透明度100%）勾选与图层对齐，样式为线性，角度90°，缩放100%；投影混合模式为正片叠底，颜色选择黑色，不透明度调整为55%，角度为-90°，距离1个像素，扩展0个像素，大小1个像素（图4-51）。

14. 绘制金属反光

新建图层，绘制话筒中间部分的金属反光区域，创建大小合适的矩形，图层样式为：斜面和浮雕样式选择内斜面，方法选择平滑，深度100%，方向选择上，大小99个像素，软化11个像素，阴影角度为120°，高度为30°，高光模式选择滤色，颜色为白色，不透明度100%，阴影模式为正片叠底，颜色选择黑色，不透明度35%；内阴影混合模式为线性减淡（添加），颜色白色，不透明度100%，角

度-90°，距离为1个像素，阻塞0%，大小为1个像素；内发光混合模式为正片叠底，不透明度50%，杂色0%，参数选择（位置0%颜色为黑色，不透明度100%；位置100%颜色为黑色，不透明度0%）图素方式为边缘柔和，阻塞0%，大小为4个像素；渐变叠加混合模式为正片叠底，不透明度调整为50%，渐变参数选择（位置0%颜色为R：179、G：179、B：179，不透明度100%；位置19%颜色为R：128、G：128、B：128，不透明度100%；位置57%颜色为R：179、G：179、B：179，不透明度100%；位置86%颜色为R：179、G：179、B：179，不透明度100%；位置100%颜色为R：128、G：128、B：128，不透明度100%）勾选与图层对齐，样式为对称的，角度0°，缩放100%（图4-52）。

15. 绘制话筒两侧连接

创建大小合适的矩形，图层样式为：内阴影混合模式为正片叠底，颜色黑色，不透明度72%，角度-90°，勾选使用全局光，距离为0个像素，阻

图4-48 绘制下半部分

图4-49 绘制两侧

图4-50 增加高光

图4-51 添加齿轮效果

图4-52 绘制金属反光

图4-53 绘制话筒两侧连接

塞94%，大小为2个像素；渐变叠加混合模式为正常，不透明度调整为100%，渐变参数选择（位置2%颜色为R：0、G：0、B：0，不透明度100%；位置33%颜色为R：38、G：38、B：38，不透明度100%；位置64%颜色为R：0、G：0、B：0，不透明度100%；位置78%颜色为R：78、G：78、B：78，不透明度100%；位置86%颜色为R：0、G：0、B：0，不透明度100%；位置99%颜色为R：0、G：1、B：1，不透明度100%）勾选与图层对齐，样式为对称的，角度0°，缩放100%（图4-53）。

五、设置

1. 创建画布

新建图层后，绘制一个圆角矩形，作为投影。图层样式为：光泽结构混合模式为正片叠底，颜色选择黑色，不透明度为50%，角度19°，距离11个像素，大小14个像素（图4-54）。

2. 绘制体块

继续绘制一个圆角矩形，图层样式为：斜面和浮雕样式选择内斜面，方法选择平滑，深度776%，方向选择上，大小18个像素，软化16个像素，阴影角度为90°，勾选使用全局光，高度为45°，高光模式选择正常，颜色为白色，不透明度39%，阴影模式为正片叠底，颜色选择灰色，不透明度50%；内阴影混合模式为正片叠底，颜色黑色，不透明度71%，角度-90°，距离为3个像素，阻塞0%，大小为10个像素；渐变叠加混合模式为正常，不透明度调整为100%，渐变参数选择（位置0%颜色为灰色，不透明度100%；位置100%颜色为灰色，不透明度100%）勾选反向和与图层对齐，样式为线性，角度90°，缩放150%；投影混合模式为正片叠底，颜色选择黑色，不透明度调整为35%，角度为90°，距离6个像素，扩展0个像素，大小13个像素（图4-55）。

3. 绘制突出造型

新建图层绘制正圆形状，图层样式为：渐变叠加混合模式为正常，不透明度调整为100%，渐变参数选择（位置0%颜色为R：255、G：233、B：190，不透明度100%；位置13%颜色为R：255、G：255、B：255，不透明度100%；位置100%颜色为R：173、G：151、B：126，不透明度100%）勾选与图层对齐，样式为线性，角度90°，缩放150%（图4-56）。

4. 绘制正圆

新建图层绘制正圆形状，图层样式为：内发光混合模式为正常，不

图4-54　创建画布

图4-55　绘制体块

图4-56　绘制突出造型

透明度100%，杂色0%，参数选择（位置0%颜色为R：161、G：75、B：6，不透明度100%；位置100%颜色为白色，不透明度0%）图素方式为边缘柔和，阻塞0%，大小为27个像素（图4-57）。

5. 绘制刻度标识

绘制刻度标识，图层样式为：投影混合模式为正常，颜色选择R：157、G：82、B：12，不透明度调整为100%，角度为-90°，距离2个像素，扩展0个像素，大小0个像素（图4-58）。

6. 制作投影效果

新建图层，用画笔工具或渐变工具制作投影效果（图4-59）。

7. 绘制正圆

绘制一个正圆形状，图层样式为：渐变叠加混合模式为正常，不透明度调整为100%，渐变参数选择（位置49%颜色为R：251、G：245、B：222，不透明度100%；位置95%颜色为R：194、G：171、B：148，不透明度100%）勾选与图层对齐，样式为线性，角度-90°，缩放100%；投影混合模式为正片叠底，颜色选择R：80、G：40、B：2，不透明度调整为35%，角度为90°，距离6个像素，扩展0个像素，大小13个像素（图4-60）。

8. 复制正圆

复制上一层形状，调整大小，图层样式为：内阴影混合模式为正常，颜色R：240、G：232、B：213，不透明度35%，角度-90°，勾选使用全局光，距离为2个像素，阻塞0%，大小为0个像素；渐变叠加混合模式为正常，不透明度调整为100%，渐变参数选择（位置49%颜色为R：251、G：245、B：222，不透明度100%；位置95%颜色为R：194、G：171、B：148，不透明度100%）勾选与图层对齐，样式为线性，角度90°，缩放100%（图4-61）。

9. 绘制投影

新建图层，绘制正圆形状作为投影，图层样式为：颜色叠加混合模

图4-57　绘制正圆

图4-58　绘制刻度标识

图4-59　制作投影效果

图4-60　绘制正圆

图4-61　复制正圆

图4-62 绘制投影

图4-63 绘制齿轮形状

图4-64 调整颜色

式为正常，颜色选择R：97、G：34、B：2，不透明度100%。使用画笔点出高光光晕（图4-62）。

10．绘制齿轮形状

新建图层，使用钢笔工具绘制齿轮形状，图层样式为：内阴影混合模式为正常，颜色R：240、G：232、B：213，不透明度69%，角度90°，勾选使用全局光，距离为2个像素，阻塞0%，大小为1个像素；渐变叠加混合模式为正常，不透明度调整为100%，渐变参数选择（位置49%颜色为R：251、G：245、B：222，不透明度100%；位置95%颜色为R：194、G：171、B：148，不透明度100%）勾选与图层对齐，样式为线性，角度90°，缩放100%；投影混合模式为正片叠底，颜色选择R：97、G：46、B：11，不透明度调整为60%，角度为90°，距离3个像素，扩展0个像素，大小6个像素（图4-63）。

11．调整颜色

调整曲线提亮画面，或使用画笔工具后创建剪切蒙版。新建图层，复制上层形状，作为齿轮上层部分。图层样式为：内阴影混合模式为正常，颜色为白色，不透明度40%，角度90°，勾选使用全局光，距离为2个像素，阻塞0%，大小为0个像素；内发光混合模式为正常，不透明度43%，杂色0%，参数选择（位置0%颜色为白色，不透明度100%；位置100%颜色为白色，不透明度0%）图素方式为边缘柔和，阻塞0%，大小为3个像素；渐变叠加混合模式为正常，不透明度调整为100%，勾选反向和与图层对齐，渐变参数选择（位置49%颜色为R：251、

G：245、B：222，不透明度100%；位置95%颜色为R：194、G：171、B：148，不透明度100%）勾选与图层对齐，样式为线性，角度90°，缩放100%（图4-64）。

六、标记

1．创建画布

创建画布与背景，新建图层，绘制矩形形状调整为投影。图层样式为：颜色叠加混合模式为正常，颜色选择R：41、G：70、B：69，不透明度100%（图4-65）。

2．创建矩形

继续创建矩形，图层样式为：颜色叠加混合模式为正常，颜色选择R：209、G：209、B：209，不透明度100%（图4-66）。

3．绘制边框

新建矩形，绘制地图底层部分。图层样式为：描边大小10个像素，位置选择内部，混合模式为正常，不透明度为100%，填充类型选择颜色，颜色为白色；内阴影混合模式为线性加深，颜色形状（R：0、G：42、B：16），不透明度100%，角度94°，勾选使用全局光，距离为8个像素，阻塞0%，大小为15个像素（图4-67）。

4．绘制道路形状

绘制地图上道路的形状，图层样式为：描边大小1个像素，位置选择外部，混合模式为正常，不透明

度为100%，填充类型选择颜色，颜色为（R：240、G：151、B：47）（图4-68）。

5. 绘制投影效果

新建图层，使用画笔工具和图层蒙版绘制出投影效果（图4-69）。

6. 绘制标记形状

新建图层，勾勒出标记的形状。图层样式为：渐变叠加混合模式为正常，不透明度调整为100%，渐变参数选择（位置0%颜色为R：205、G：94、B：14，不透明度100%；位置15%颜色为R：255、G：139、B：56，不透明度100%；位置30%颜色为R：233、G：122、B：24，不透明度100%；位置35%颜色为R：241、G：195、B：154，不透明度100%；位置41%颜色为R：253、G：160、B：93，不透明度100%；位置51%颜色为R：255、G：255、B：255，不透明度100%；位置64%颜色为R：253、G：139、B：56，不透明度100%；位置83%颜色为R：233、G：112、B：24，不透明度100%；位

置100%颜色为R：184、G：77、B：0，不透明度100%）勾选与图层对齐，样式为线性，角度0°，缩放100%（图4-70）。

7. 复制标记形状

复制上层形状，调整大小向下轻移，图层样式为：颜色叠加混合模式为正常，颜色选择R：255、G：244、B：236，不透明度100%（图4-71）。

8. 继续复制标记形状

再次复制上层，调整大小向下轻移，图层样式为：斜面和浮雕样式选择内斜面，方法选择平滑，深度100%，方向选择上，大小0个像素，软化3个像素，阴影角度为94°，勾选使用全局光，高度为16°，高光模式选择正常，颜色为R：212、G：91、B：4，不透明度0%，阴影模式为正片叠底，颜色选择R：161、G：68、B：0，不透明度100%；内阴影混合模式为正常，颜色白色，不透明度52%，角度94°，距离为1个像素，阻塞0%，大小为2个像素（图4-72）。

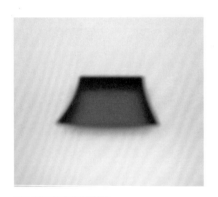

图4-65 创建画布

图4-66 创建矩形

图4-67 绘制边框

图4-68 绘制道路形状

图4-69 绘制投影效果

图4-70 绘制标记形状

9. 绘制高光形状

新建图层勾出高光形状并填充，可以适当赋予一定数值的高斯模糊（图4-73）。

10. 绘制投影

在标记的中间部位叠加投影（图4-74）。

11. 创建正圆形状

新建一个正圆形状，图层样式为：渐变叠加混合模式为正常，不透明度调整为100%，渐变参数选择（位置0%颜色为R：103、G：137、B：141，不透明度100%；位置7%颜色为R：163、G：192、B：195，不透明度100%；位置17%颜色为R：205、G：229、B：232，不透明度100%；位置43%颜色为R：173、G：206、B：209，不透明度100%；位置53%颜色为R：255、G：255、B：255，不透明度100%；位置78%颜色为R：163、G：192、B：195，不透明度100%；位置100%颜色为R：112、G：153、B：157，不透明度100%）勾选与图层对齐，样式为线性，角度0°，缩放100%（图4-75）。

12. 继续创建正圆形状

创建一个正圆形状，图层样式为：斜面和浮雕样式选择内斜面，方法选择平滑，深度100%，方向选择上，大小0个像素，软化2个像素，阴影角度为94°，勾选使用全局光，高度为16°，高光模式选择正常，颜色为白色，不透明度0%，阴影模式为正片叠底，颜色选择灰色，不透明度66%；内阴影混合模式为正常，颜色白色，不透明度100%，角度94°，距离为1个像素，阻塞0%，大小为0个像素（图4-76）。

13. 创建内圆边框

创建正圆形状，绘制镜头质感。图层样式为：内阴影混合模式为正片叠底，颜色黑色，不透明度100%，角度94°，勾选使用全局光，距离为4个像素，阻塞0%，大小为7个像素；投影混合模式为正常，颜色选择白色，不透明度调整为100%，角度为94°，距离2个像素，扩展0个像素，大小0个像素（图4-77）。

图4-71 复制标记形状

图4-72 继续复制标记形状

图4-73 绘制高光形状

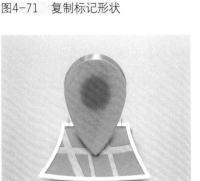

图4-74 绘制投影

图4-75 创建正圆形状

图4-76 继续创建正圆形状

图4-77 创建内圆边框

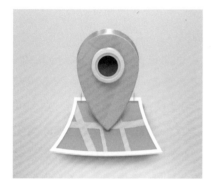

图4-78 创建内圆形状

图4-79 绘制内圆光影效果

图4-80 继续绘制内圆光影效果

14. 创建内圆形状

新建图层创建正圆形状，图层样式为：内阴影混合模式为正片叠底，颜色黑色，不透明度45%，角度94°，勾选使用全局光，距离为0个像素，阻塞0%，大小为4个像素；渐变叠加混合模式为正常，不透明度调整为100%，渐变参数选择（位置0%颜色为黑色，不透明度100%；位置100%颜色为黑色，不透明度100%）勾选与图层对齐，样式为线性，角度-90°，缩放100%；投影混合模式为正常，颜色选择R：194、G：238、B：243，不透明度调整为100%，角度为94°，距离1个像素，扩展0个像素，大小0个像素（图4-78）。

15. 绘制内圆光影效果

继续新建正圆形状，图层样式为：渐变叠加混合模式为正常，不透明度调整为100%，渐变参数选择（位置0%颜色为R：64、G：88、B：109，不透明度100%；位置61%颜色为R：46、G：38、B：37，不透明度100%；位置100%颜色为R：107、G：92、B：81，不透明度100%）勾选与图层对齐，样式为线性，角度-90°，缩放100%（图4-79）。

16. 继续绘制内圆光影效果

复制上一层形状，图层样式为：内阴影混合模式为正常，颜色黑色，不透明度53%，角度94°，勾选使用全局光，距离为0个像素，阻塞0%，大小为4个像素；渐变叠加混合模式为正常，不透明度调整为100%，渐变参数选择（位置0%颜色为R：64、G：88、B：109，不透明度100%；位置61%颜色为R：46、G：38、B：37，不透明度100%；位置100%颜色为R：107、G：92、B：81，不透明度100%）勾选与图层对齐，样式为线性，角度-90°，缩放100%；投影混合模式为正常，颜色选择黑色，不透明度调整为100%，角度为94°，距离1个像素，扩展0个像素，大小0个像素（图4-80）。

17. 绘制中心点

新建正圆形状，调整为合适大小。图层样式为：渐变叠加混合模式为正常，不透明度调整为100%，渐变参数选择（位置0%颜色为R：48、G：115、B：145，不透明度100%；位置100%颜色为R：60、G：68、B：72，不透明度100%）勾选与图层对齐，样式为线性，角度-90°，缩放100%（图4-81）。

18. 绘制中心点体积

复制上一步骤形状，图层样式为：渐变叠加混合模式为正常，不透明度调整为100%，渐变参数选择（位置0%颜色为R：91、G：181、B：222，不透明度100%；位置63%颜色为R：11、G：46、B：70，不透

图4-81 绘制中心点

图4-82 绘制中心点体积

图4-83 增加高光效果

明度100%；位置100%颜色为R：3、G：100、B：118，不透明度100%）勾选与图层对齐，样式为线性，角度-90°，缩放100%；投影混合模式为正常，颜色选择R：120、G：199、B：221，不透明度调整为100%，角度为94°，距离1个像素，扩展0个像素，大小0个像素（图4-82）。

19. 增加高光效果

新建正圆形状，图层样式为：渐变叠加混合模式为正常，不透明度调整为100%，渐变参数选择（位置0%颜色为R：102、G：197、B：239，不透明度100%；位置16%颜色为R：102、G：197、B：239，不透明度100%；位置64%颜色为R：11、G：46、B：70，不透明度100%；位置94%颜色为R：145、G：238、B：255，不透明度100%；位置100%颜色为R：167、G：242、B：255，不透明度100%）勾选与图层对齐，样式为线性，角度-90°，缩放100%（图4-83）。

七、信封

1. 创建画布

新建图层，创建一个投影形状，使用渐变工具绘制投影效果（图4-84）。

2. 创建矩形

创建一个矩形，填充色为：R：215、G：235、B：236，不透明度100%（图4-85）。

3. 绘制信封折叠痕迹

新建图层，使用钢笔工具绘制邮件封面折叠痕迹，增加一个投影效果，图层样式为：渐变叠加混合模式为正常，不透明度调整为100%，渐变参数选择（位置0%颜色为黑色，不透明度100%；位置100%颜色为黑色，不透明度0%）勾选与图层对齐，样式为线性，角度-52°，缩放100%（图4-86）。

4. 绘制封口造型

继续新建图层，为信封绘制封口描边效果，图层样式为：渐变叠加混合模式为正常，不透明度调整为100%，渐变参数选择（位置0%颜色为R：159、G：37、B：32，不透明度100%；位置100%颜色为R：171、G：57、B：39，不透明度100%）勾选与图层对齐，样式为线性，角度90°，缩放100%（图4-87）。

5. 绘制封口描边效果

继续为信封绘制封口描边效果，图层样式为：渐变叠加混合模式为正常，不透明度调整为100%，渐变参数选择（位置0%颜色为R：118、G：39、B：26，不透明度100%；位置100%颜色为R：160、G：26、B：29，不透明度100%）勾选与图层对齐，样式为线性，角度90°，缩放100%（图4-88）。

6. 绘制信封上部封口

绘制信封上部封口，图层样式为：渐变叠加混合模式为正常，不透明度调整为100%，渐变参数选择

（位置0%颜色为R：161、G：35、B：43，不透明度100%；位置100%颜色为R：237、G：151、B：102，不透明度100%；）勾选与图层对齐，样式为线性，角度39°，缩放100%；投影混合模式为正片叠底，颜色选择黑色，不透明度调整为23%，角度为120°，距离4个像素，扩展0个像素，大小16个像素（图4-89）。

图4-84 创建画布

图4-85 创建矩形

图4-86 绘制信封折叠痕迹

图4-87 绘制封口造型

图4-88 绘制封口描边效果

图4-89 绘制信封上部封口

课后练习

1. 硬件交互的常见设备有哪些？

2. 硬件交互和软件交互有什么异同？

3. 谈一谈你觉得智能硬件的发展对交互设计有哪些促进作用。

4. 举例说明生活中有哪些交互设计属于硬件交互。

5. 选择任意设备，谈谈该设备界面的UI设计有哪些优点和缺点。

6. 设计1个简约风格的硬件UI。

7. 自定义风格，为键盘按键设计UI。

8. VR技术属于硬件交互吗？简要阐述你的观点。

第五章
软件界面设计

PPT 课件，请在
计算机里阅读

学习难度：★★★★★
重点概念：应用 UI、网站
UI、元素设计

◄ 章节导读

在电子设备上安装的软件，其界面中同样包含
交互式设计。了解不同操作系统基于界面的交互特
性是做好UI设计的前提，针对各种分类软件的使用
环境和用户心理特征、使用习惯、交互规律，设计
出符合使用者意愿的界面。因此，不同软件的设计
需求也不相同（图5-1）。

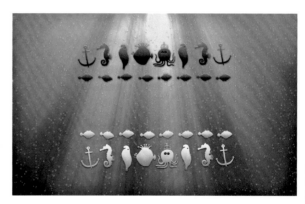

图5-1　质感UI

第一节　导航栏设计

导航栏存在于应用中的功能展示板块，通常以
图标形式展现在页面的顶部和两侧。导航目录由设
计内容组成，例如，搜索引擎的导航栏通常包括企
业LOGO、网站名称、登录注册板块和天气等，这些
内容板块都是固定存在的。导航栏对整个设计来说
举足轻重，它所起到的是链接各个站点和软件内的

各个页面作用，对内容分层次展示。导航栏相当于设
计对象的结构框架，在软件、网页等常见交互设计
中，导航栏都是不可缺少的部分。浏览网页或是操作
软件，都需要依靠导航栏作为流程向导，快捷进入不
同分级的板块。

导航栏的主要用途是引导操作者快速准确地在应

图5-2 导航图标

用中找到所需要的部分，有帮助用户清晰理解整个软件分级结构目录和快速链接的功能。除了交互设计的健全，艺术审美同样是设计导航栏时需要考虑的因素之一。在各类软件应用中导航栏的呈现形式丰富多样，通过艺术设计按钮的造型千变万化：纯文字导航、表格导航条、不同材质的图形等，都是与应用环境风格相呼应的导航设计（图5-2）。

一、网站类

1. 政府网站导航栏

政府网站是一级政府为公民、企业与政府人员都能便捷地查询相关政务信息，将各类信息跨部门建立的综合业务应用系统（图5-3）。

2. 门户网站导航栏

门户类网站是将各个应用系统和数据资源集合到一个管理平台上，以统一的界面提供给用户。常见的门户类网站有搜索引擎和新闻资讯等（图5-4）。

3. 商务网站导航栏

商务网站带有营利性质，但这并不妨碍设计者为用户爱好选择交互方式。这样为一个企业或机构建立站点宣传企业形象以及提供商业服务，网站导航栏通常由商品信息、信息展示、联系方式等板块组成（图5-5、图5-6）。

（1）交易平台型。交易平台型商务网站的主要功能是提供第三方交易平台，网上商场都属于交易网站。这类网站的导航栏由商品类型组成，有指向性明显的图片，也穿插一些言简意赅的文案提供产品的主要信息，例如：促销、进口、限量等关键字眼吸引消费者眼球，便于访问者理解。这样的导航栏视觉化效果更美观。

政府网站导航栏中分类是严谨合理的，一级栏目和子级栏目指向性明确，能快速便捷的接入到相关部门，方便浏览者查阅相关讯息。其中常见的板块有公众参与、政务公开、资源整合等

图5-3 政府网站

（2）企业宣传型。企业宣传类型的商务网站是企业在互联网上宣传公司形象和进行网络销售。这类网站好比企业的名片作为宣传作用，所以导航栏中常见的是企业形象和产品信息以及联系方式。在展示背景和实力的同时，也有辅助销售产品的作用。用户在导航栏中能清晰的找到企业、商品相关的各种讯息。

资讯类门户网站的导航栏通常由新闻类型的分类来设计，文本精简明确。以供浏览者选择需要查阅的内容板块，整洁方便

搜索引擎的导航会按照检索类型：文本、图片或音频等进行分类。这样筛选范围的导航可为用户缩减操作时间和精力

图5-4　门户网站

图5-5　淘宝网

图5-6　Tesla网站

4. 社区网站导航栏

社区类网站就好比是网络上供给大家聊天的社区一般存在，它对网络中的商业圈、信息圈、娱乐圈起到了带动作用，对上网群众提供了一个积极交流的平台。这类网站的导航分类元素丰富多彩，与网站本身性质有关（图5-7、图5-8）。

（1）社交类。社交类网络平台倾向于生活化，导航栏中的分类都是和生活息息相关的，大家聚在一起对某件事物探讨观点和看法，或者是分享自己喜爱的音乐等，这样生活化的种类十分丰富，导航栏中的导向板块也需要设计细致，美食、摄影、阅读、户外等面面俱到，以满足不同用户的社交倾向和需求。

图5-7　新浪微博　　　　　　　　　　　　　　　图5-8　知乎

（2）共享类。共享类社区网站都具有一定的方向，例如科学类、饮食类、服饰配搭类等。网站中导航栏的设计也需要更侧重于门类的专业性，需要能够突出该类别网站独有特色的导航分类（图5-9、图5-10）。

5. 游戏网站导航栏

游戏网站的导航栏通常是由注册和登录、游戏资讯公告、客服交流等板块组成的，这里导航的形式不局限于单一的文字，不仅仅搭配图案，运用游戏中元素也会给用户带来更加的界面视觉效果（图5-11、图5-12）。

6. 学术网站导航栏

学术类网站多是封闭性实名制社区，对于浏览人群有针对性，通常是供某一领域内专业人员相互交流和学习的网站（图5-13、图5-14）。

图5-9　摩拜单车（共享自行车网站）

图5-10　衣二三（共享衣服网站）

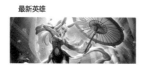  

图5-11　王者荣耀

图5-12　最终幻想

图5-13　诺贝尔奖委员会

图5-14　国际数学家联盟

二、应用类

1. 手机应用导航栏

手机分辨率比桌面平台小很多，所以在设计手机浏览器页面和应用界面的导航栏时，需要充分考虑空间内的分配，以保持简洁和可用性高为原则。常见的手机导航设计有列表式、网格式、扩展式等，分布的位置也分别在顶部、底部、两侧等不相同的位置（图5-15）。

2. PC端应用导航栏

PC端应用导航栏具有视觉效果佳、空间安排合理等特点。逻辑性和引导性强同样是PC端导航栏通常具有的两大要素。这类导航栏的设计形式多样，网页中常借用超大导航栏具有的提示功能来传递核心信息，在购物界面也可以使用滚动导航栏灵活展示商品信息，降低用户跳出率（图5-16）。

3. 其他应用导航栏

除了电脑和手机，生活中也有很多常见的智能设备。它们的界面同样运用到了交互设计，在各行各业起到举足轻重的作用（图5-17～图5-19）。

图5-15 手机应用

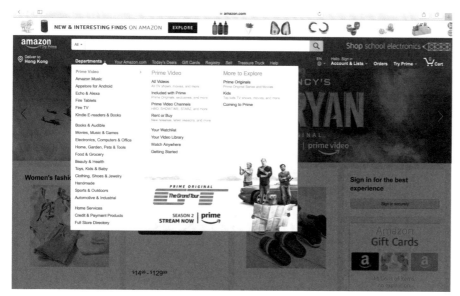

图5-16 亚马逊英文网站
amazon.com

图5-17 ATM机

图5-18 地铁自动售票机

图5-19 Tesla screen

第二节 按钮设计

　　按钮是负责交互的主要元素，在应用中的常见功能有跳转链接、弹出信息、控制屏幕等（图5-20）。

　　按钮属于功能性元素，在各种类型的应用中都起到不同作用。游戏操作界面中按钮的设计可以控制游戏内对象的移动；对话框打字通过点击键盘上的字母和数字按钮进行文本输入；手机界面调节音量大小和屏幕亮度等，这些都属于按钮的功能展示。

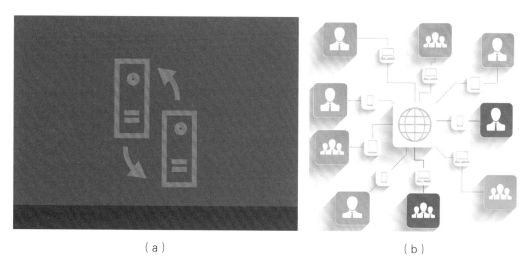

图5-20　按钮交互理念

在用户操作时，按钮起到主要的交互功能负责信息传递，这就需要设计按钮时逻辑要求严谨，链接代码并将指令的正确回应反映到界面上是按钮的基本功能。引导用户与展示界面的功能性有良好的交互体验需要建立在普及大众化的符号基础上，符号是基于人文艺术中人们对事物的基本了解，人为创造或取其特征来对特定指令、动作、对象等设计信号标志，以此来传递信息。符号不局限于具象和意象，无论是字母、数字、用品等可实体化物体还是撤退、前进、蹲下等意识中的行为，都可以用大众认知一致范围中的相应符号进行准确表述（图5-21、图5-22）。

图5-21　点击按钮

一、链接类按钮

链接类按钮是一个非常广泛的定义，仅仅从功能上来看所有的按钮都具有链接的作用。链接类按钮的定义是通过点击界面中的元素，触发代码跳转到其他页面。

1. 安全性

当用户在平台操作时，按钮背后的链接内容往往是未展示的，用户在操作时无法预知链接跳转的隐藏部分，这对于按钮的安全性和可靠性有一定要求。例如在微信和淘宝等应用中经常出现信息链接和支付页面，如果发生了恶意篡改和漏洞，也就失去了点击按钮跳转外部链接的本身意义，反而使得用户因操作带来更多方面的困扰（图5-23）。

2. 常用性

链接类型的按钮通常放置在界面中较为醒目的位置，或带有闪动等提示效果吸引用户注意，具有这种特性的按钮会有较高的点击率

图5-22　按钮链接

和浏览量。将常用的连接按钮放在用户容易看见的位置，也是对用户操作心理的揣摩，以此提高交互质量。例如登录和注册这类常用性链接，它们的出现位置往往在界面中与人视线平齐的地方（图5-24）。

二、控制类按钮

控制类按钮在界面中很常见，它们起到的作用是协助用户对界面中元素进行操作，常见到的编辑文本、快进快退、删除、新建等都属于控制按钮。控制类按钮是用户与界面之间交互的媒介，从信息输出的角度来看，它的设计理念要建立在引导用户就基础上，也就是能让人一目了然该按钮的作用，能实现让用户通过视觉接收和了解界面中的操作流程信息，以达到自身的交互需求，输入法键盘就是很好的例子；从信息输入的角度来看，控制类按钮的逻辑性设计要严谨细致，点击按钮和触发效果需要同步而且一致，不能够出现链接与按钮引导信息不相符合甚至是无效操作等逻辑性问题（图5-25）。

（a）

（b）

图5-23　链接按钮

图5-24　登录按钮

（a）

（b）

图5-25　控制按钮

第三节　提示窗口设计

　　窗口不属于的分级界面，它是应用中的独立界面。窗口具有可自定义比例调整边框大小的特点，也可移动、收起和隐藏，窗口中也有一些辅助元素用于属性的变换（图5-26）。

　　同一级界面上可以打开多个窗口，执行不同的任务互不冲突，用户可针对自己的操作需求进行切换。窗口中信息的常见组成部分是文字和图像，这取决于窗口的类别。常见的窗口类型有弹出的指令窗口、对话窗口、信息展示窗口等，在不同环境下的窗口性质和展示方式都不相同，手机软件上弹出的窗口常常是作为信息的补充，类似于贴士和提示的作用。窗口的设计非常巧妙，既不能弹出过于频繁打扰到用户体验，也需要避免因信息补充不及时、不完整而影响到交互完的整性（图5-27）。

一、界面美观

　　窗口在各种应用中都有相应效果，为了达到不同效果的展现，窗口的界面样式也各不相同。例如用户在体验一款画风制作精美的游戏时，打开的对话弹窗却是简陋、风格不相统一的，如果出现这样的情况，整款游戏的视觉感受便会随之大打折扣。窗口不属于分级页面，但同样是交互体验中重要的一环节，合理布局、优化视觉效果，这些都是窗口界面美观的基本要素（图5-28）。

二、信息时效

　　界面中弹出的窗口有的是页面广告信息，也有的是因为在当下操作中遇到了一些冲突、不合理、不常见的情况，这时操作端就会将信息以即时页面的形式主动弹出到界面最上层显示给用户，这类信息往往

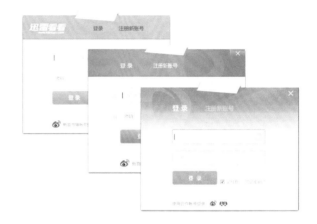

（a）

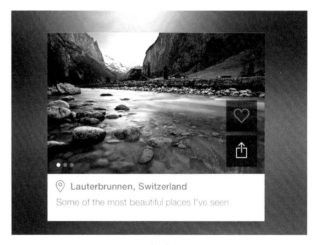

（b）

图5-26　窗口交互理念

图5-27　窗口形式

具有提示和指引作用，在某些环境中也作为警示类通知对用户操作进行实时指正。例如支付环境下通常弹出的安全提示以及游戏中对玩家不正当言行的警告等，这类窗口都是由界面操作情况触发的（图5-29）。

（a）

（b）

图5-28　链接按钮

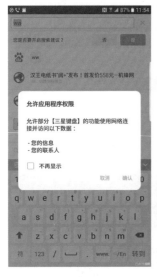

（a）

（b）

图5-29　提示类窗口

第四节　进度条设计

　　进度条是应用处理信息时，为方便用户了解处理进度将文件大小、完成进度、剩余时间等信息以图片形式更进展示。进度条常见于等待加载或文件传输这类设备处于后台处理信息，而操作界面无太大变化的情况，是将看不见摸不着的电子运算过程可视化，以视觉可见的形式呈现给用户（图5-30）。

　　进度条常见的形式的长方形条状，以不同色块随处理效率增进。还有一种类似花瓣转动的造型，在界面表示正在处理和加载。

一、游戏加载进度条

　　当游戏资源有更新时，打开游戏界面便会弹出下载资源更新包的提示，这里进度条的设计不能脱离于游戏界面风格，色彩搭配和样式选择上都要做到相统一、相一致。这样的加载进度条在设计时通常会加入趣味等因素，防止玩家失去等待耐心（图5-31）。

二、文件下载进度条

　　选择音频、视频或图片等资源进行下载时，都会出现相应的进度条，以具象为数字百分比的形式为用户展示下载时间和文件大小等因素。当退出主页面时，进度条会在后台隐藏并继续传输工作，用户可随时下拉菜单进行查看（图5-32）。

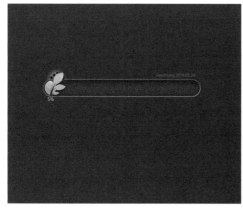

（a）

（b）

图5-30　进度条交互理念

三、缓冲类进度条

缓冲类进度条常见于网络环境因素造成页面加载延迟等情况。例如，视频播放卡顿时，会显示一个不停旋转的小图标，这类UI设计都需要将用户心理作为主要因素（图5-33）。

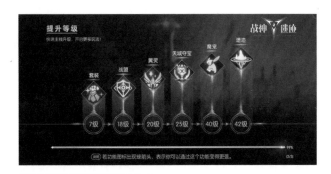

图5-31　游戏加载进度条

（a）　　　　　　　　　　（b）　　　　　　　　　　（c）

图5-32　文件下载进度条

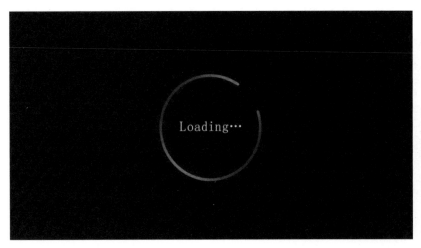

（a）

（b）

图5-33　进度条交互理念

第五节　菜单栏设计

菜单栏是界面中非常常见的元素之一，其中多是同一范围的同类选项，不占用主界面的空间。菜单不但可以起到使分类更加细致的作用，也可以保证界面整洁清爽的视觉效果（图5-34）。

菜单栏的基本意义是对界面元素分级整理和归纳，实际是一种树形结构，为用户寻找需要使用的功能提供入口，通过点击UI元素显示子级选项（图5-35）。

一、收纳性

菜单具有收纳性，通过将系统中可以执行的命令，以阶层方式显示出界面，根据重要程度一般是从左到右。命定的层次根据应用程序的不同而不同。

二、便捷性

菜单对元素的分类，使用户在交互过程中寻找所需选项的过程变得清晰明了，操作更加便捷，具有使交互过程更有效率的作用。便捷性体现在重视文件操作以及编辑功能上，左右界面的各种设置都是以用户

（a）

（b）

图5-34　菜单栏交互理念

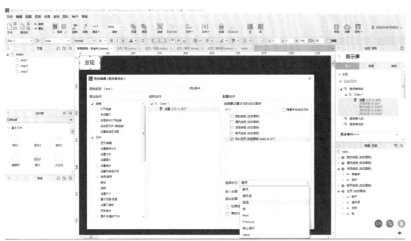

图5-35　功能菜单

操作心理为基础设置的，例如，帮助选项通常放置在屏幕右侧（图5-36）。

三、可塑性

菜单中的选项是可编辑的，通常使用鼠标的第一按钮对它进行操作。单击菜单栏中的菜单命令将会出现一个下拉菜单。应用中的菜单一般都有自动记录功能，也就是说菜单会记录用户常用的操作习惯，只在菜单中显示最接近上次常用的命令，这为用户选择常用命令提供了很大的方便。如果某些命令在一段时间内没有被使用，就会自动隐藏。在菜单的底部都有一个箭头按钮，单击该按钮即可显示全部的菜单命令。用户可自行调整隐藏和显示的UI元素，这样的可塑性让界面交互过程更加方便简洁（图5-37）。

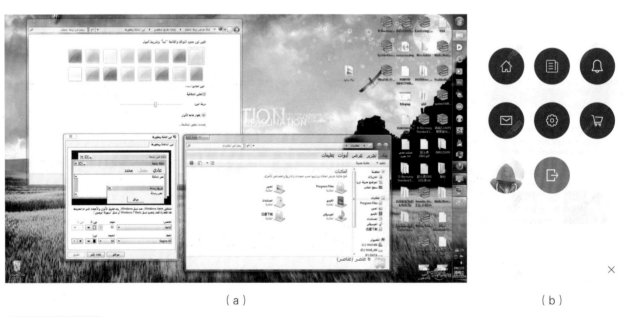

（a）　　　　　　　　　　　　　　　　　　　（b）

图5-36　菜单分类

（a）

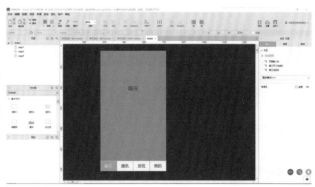

（b）

图5-37　页面菜单

第六节　图标与界面设计

一、图标元素设计

图标是界面中一种以图形样式存在的标识，是UI元素的主要设计方向。可作为后台运行程序的表现形式。在有限的屏幕空间中点开了过多窗口的情况下，将窗口缩略为图标的形式可以起到节约空间又不妨碍程序运行的作用。当用户暂时不需要使用到排列窗口中时，可以根据自己的选择将对象图标化。在一些特定界面中，图标也具有类似符号的代替作用（图5-38）。

窗口可以关闭和永远消失，或者也可以缩小成某种非常小的表现形式。一个小的图片可以用来表示关闭的窗口，这种表现形式称为图标。利用图标可以在屏幕上同时排列许多窗口。当用户暂时不想执行对话的一个程序时，可以将含有该对话的窗口图标化，从而挂起该对话。图标可以节省屏幕空间，并且可以用来提醒用户：他可以在以后打开那个窗口，重新执行对话。

二、界面场景设计

界面场景设计是吸引消费者的关键，环境界面是利用界面中的剧情、环境等因素对用户进行信息传递。环境性界面设计所涵盖的因素是极为广泛的，它

（a）

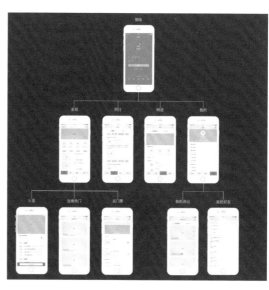

（b）

图5-38　菜单栏交互理念

包括有政治、历史、经济、文化、科技、民族等，这类界面设计正体现了设计艺术的社会性。

　　心理因素和视觉因素是界面场景设计必不可少的两个重要元素。对用户心理的了解，对设计出发点是否贴合使用者的操作意图起到决定性作用，视觉因素则决定了用户体验交互界面的过程是否是轻松愉悦的。界面场景设计中的色彩、图案和文字都具有心理暗示作用，设计不但需要合理化，也要考虑情感化（图5-39）。

（a）　　　　　　　　　　　　　　　　　（b）

图5-39　界面场景交互理念

- 补充要点 -

游戏操作界面中的交互设计

　　1. 功能性界面。操作界面主要是指智能键盘，只要按了键盘上任意一个字母、数字或没有特殊用途的符号，都会弹出一个智能键盘。用户可以在智能键盘中输入中英文和数字搜索想要的类别、主菜单栏、工具栏、综合信息栏和状态栏、信息栏、即时明细小窗口等。

　　2. 场景环境界面。环境界面是指游戏剧情中的特定环境因素对用户的信息传递。环境性界面设计所涵盖的因素是极为广泛的，包括政治、历史、经济、文化、科技、民族等，这类界面设计正体现了设计艺术的社会性。

　　3. 剧情与情感性设计界面。游戏的剧情是游戏的灵魂，除少数不需要剧情的游戏，如体育类，赛车等，游戏通过各种各样的方法让玩家融入到设定的剧情上以打动玩家，游戏的剧情不吸引人，那么无论游戏的表现手法有多好也不能达到目的。情感性设计界面将游戏所要表达的情感传递给被感受人，取得与人的感情共鸣。这种感受的信息传达存在着确定性与不确定性的统一。情感把握在于深入目标对象的使用者的感情，而不是个人的情感抒发。

　　4. 音效界面。音效在界面中一般以三种形态出现：背景音效，与背景音乐同时，不间断的播放；随机音效，在一个场景中，随机播放出来；定制音效，随玩家的操作而播放的音效。

第七节　UI软件界面设计案例

本节案例均采用Photoshop CS制作，并附教学视频，请用手机扫二维码下载观看。

一、图标按钮

1. 开关按钮

（1）新建画布。分图层创建三个填充色不同的圆角矩形形状。图层样式设置为：描边大小3个像素，位置为外部，混合模式为正常，不透明度15%，填充类型为渐变，参数选择（位置0%颜色R：153、G：153、B：153，不透明度100%；位置100%颜色R：255、G：255、B：255，不透明度100%）勾选反向和与图层对齐，样式为线性，角度90°，缩放100%；内阴影混合模式为正常，颜色选择黑色，不透明度15%，角度90°，距离为2个像素，阻塞0%，大小为5个像素；内发光混合模式为正常，不透明度70%，杂色0%，参数选择（位置0%颜色分别为圆角矩形填充色，不透明度100%；位置100%颜色分别为圆角矩形填充色，不透明度0%）图素方式为边缘柔和，阻塞100%，大小为1个像素；渐变叠加混合模式为柔光，不透明度调整为25%，渐变参数选择（位置0%颜色为黑色，不透明度100%；位置100%颜色为白色，不透明度100%）勾选反向和与图层对齐，样式为线性，角度90°，缩放100%（图5-40）。

（2）使用画笔工具。选择合适半径、不透明度、流量数值参数，分别在矩形单侧点出按钮投影的效果（图5-41）。

（3）分别绘制三个正圆形状。图层样式设置为：描边大小1个像素，位置为外部，混合模式为正常，不透明度100%，填充类型为渐变，参数选择（位置0%颜色R：153、G：153、B：153，不透明度100%；位置100%颜色R：255、G：255、B：255，不透明度100%）勾选与图层对齐，样式为线性，角度90°，缩放100%；内阴影混合模式为正常，颜色选择黑色，不透明度10%，角度-90°，距离为3个像素，阻塞0%，大小为1个像素；内发光混合模式为正常，不透明度40%，杂色0%，参数选择（位置0%颜色为白色，不透明度100%；位置100%颜色为白色，不透明度0%）图素方式为边缘柔和，阻塞50%，大小为1个像素；渐变叠加混合模式为正常，不透明度调整为20%，渐变参数选择（位置0%颜色为黑色，不透明度100%；位置50%颜色R：119、G：119、B：119，不透明度100%；位置100%颜色为白色，不透明度100%）勾选与图层对齐，样式为线性，角度90°，缩放100%；投影混合模式为正常，颜色选择黑色，不透明度调整为10%，角度为90°，距离3个像素，扩展0个像素，大小0个像素（图5-42）。

（4）在上一步骤的基础上绘制叠加的正圆形状。制造按钮的凹陷质感。图层样式设置为：内阴影混合模式为正常，颜色选择黑色，不透明度5%，角度90°，距离为1个像素，阻塞0%，大小为0个像素；渐变叠加混合模式为正常，不透明度调整为25%，渐变参数选择（位置0%颜色为灰色，不透明度100%；位置100%颜色为白色，不透明度100%）勾选反向和与图层对齐，样式为线性，角度90°，缩放100%（图5-43）。

（5）在按钮旁配上文字。文字图层样式设置为：内阴影混合模式为正常，颜色选择黑色，不透明度15%，角度90°，使用全局光，距离为1个像素，阻塞0%，大小为0个像素；投影混合模式为正常，颜色选择白色，不透明度调整为50%，角度为90°，距离1个像素，扩展0个像素，大小1个像素（图5-44）。

图5-40　新建画布

图5-41　绘制投影

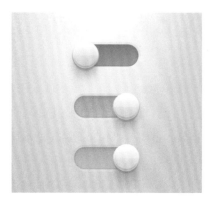

图5-42　绘制正圆形状

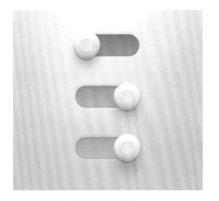

图5-43　叠加正圆形状

图5-44　配上文字

图5-45　绘制提示

（6）在开关内部设置提示显示。图层样式设置为：颜色叠加混合模式为正常，颜色选择白色，不透明度100%；投影混合模式为线性加深，颜色选择黑色，不透明度调整为15%，角度为90°，距离1个像素，扩展0个像素，大小0个像素（图5-45）。

2. 点击按钮

（1）新建正方形画布。在新图层上绘制正圆形状。图层样式设置为：内阴影混合模式为正片叠底，颜色选择黑色，不透明度8%，角度120°，勾选使用全局光，距离为1个像素，阻塞0%，大小为0个像素；渐变叠加混合模式为正常，不透明度调整为100%，渐变参数选择（位置0%颜色R：238、G：241、B：241，不透明度100%；位置100%颜色R：198、G：207、B：214，不透明度100%）勾选与图层对齐，样式为线性，角度90°，缩放150%；投影混合模式为正常，颜色选择白色，不透明度调整为75%，角度为120°，勾选

使用全局光，距离1个像素，扩展0个像素，大小0个像素（图5-46）。

（2）绘制一个叠加的正圆形状作为按钮投影。图层样式为：混合选项模式选择正片叠底，不透明度13%，填充不透明度100%，通道勾选R、G、B，勾选将剪切图层混合成组，混合颜色带为灰色（图5-47）。

（3）绘制一个叠加的正圆形状作为按钮凸起的质感。图层样式为：渐变叠加混合模式为正常，不透明度调整为100%，渐变参数选择（位置0%颜色R：238、G：241、B：244，不透明度100%；位置100%颜色R：198、G：207、B：214，不透明度100%）勾选反向和与图层对齐，样式为线性，角度90°，缩放100%；投影混合模式为正片叠底，颜色选择黑色，不透明度调整为50%，角度为120°，勾选使用全局光，距离2个像素，扩展0个像素，大小6个像素（图5-48）。

（4）在上一步骤的基础上绘制叠加的正圆形状。制造按钮的凹陷质感。图层样式设置为：内阴影混

合模式为正片叠底，颜色选择黑色，不透明度10%，角度120°，距离为1个像素，阻塞0%，大小为0个像素；渐变叠加混合模式为正常，不透明度调整为100%，渐变参数选择（位置0%颜色R：238、G：241、B：244，不透明度100%；位置100%颜色R：198、G：207、B：214，不透明度100%）勾选与图层对齐，样式为线性，角度90°，缩放100%；投影混合模式为正常，颜色选择白色，不透明度调整为100%，角度为120°，勾选使用全局光，距离1个像素，扩展0个像素，大小0个像素（图5-49）。

（5）在上一步绘制的正圆中心叠加一个圆形。为按钮红点效果。图层样式设置为：描边大小2个像素，位置选择内部，混合模式为正常，不透明度为84%，填充类型选择颜色（R：96、G：23、B：23）；内阴影混合模式为正常，颜色R：245、G：170、B：170，不透明度56%，角度120°，勾选使用全局光，距离为2个像素，阻塞0%，大小为3个像素；渐变叠加混合

模式为正常，不透明度调整为100%，渐变参数选择（位置0%颜色R：207、G：174、B：174，不透明度100%；位置100%颜色R：102、G：16、B：16，不透明度100%）勾选与图层对齐，样式为径向，选择与图层对齐，角度90°，缩放100%；外发光混合模式为正片叠底，不透明度75%，杂色0%（颜色参数位置0%颜色R：196、G：0、B：0，不透明度0%；位置100%颜色R：196、G：0、B：0，不透明度100%）；投影混合模式为正片叠底，颜色选择黑色，不透明度调整为50%，角度为120°，勾选使用全局光，距离2个像素，扩展0个像素，大小1个像素（图5-50）。

（6）在按钮合适位置绘制样式形状和文字。图层样式设置为：颜色叠加混合模式选择正常，颜色R：141、G：150、B：157，不透明度调整为100%；投影混合模式为正常，颜色选择白色，不透明度调整为41%，角度120°，距离1个像素，扩展0个像素，大小0个像素（图5-51）。

图5-46 新建正方形画布

图5-47 绘制按钮投影

图5-48 绘制按钮凸起

图5-49 绘制叠加正圆形状

图5-50 绘制按钮红点

图5-51 绘制形状和文字

3．调节按钮

（1）新建画布。绘制正方形矩形作为背景。图层样式的混合选项为：混合模式为柔光，不透明度100%，填充不透明度100%，通道勾选R、G、B，勾选将剪切图层混合成组，勾选透明现状图层，混合颜色带为灰色。为该矩形添加智能滤镜：浮雕效果角度参数为135°，高度3个像素，数量500%；添加杂色参数为6%，选择平均分布，勾选单色。新建图层用画笔绘制暗部效果，添加蒙版擦出投影轮廓（图5-52）。

（2）绘制正方形矩形。图层样式设置为：斜面和浮雕样式选择内斜面，方法选择平滑，深度100%，方向选择上，大小12个像素，软化0个像素，阴影角度为45°，勾选使用全局光，高度为30°，高光模式选择颜色为白色不透明度6%，阴影模式为正片叠底，颜色选择黑色，不透明度29%；内阴影混合模式为，颜色为白色，不透明度75%，角度45°，勾选使用全局光，距离为1个像素，阻塞0%，大小为0个像素；渐变叠加混合模式为正常，勾选仿色，不透明度调整为100%，渐变参数选择（位置0%颜色R：211、G：211、B：211，不透明度100%；位置100%颜色R：255、G：255、B：255，不透明度100%）勾选与图层对齐，样式为线性，角度48°，缩放100%；投影混合模式为正片叠底，颜色选择黑色，不透明度调整为42%，角度为45°，勾选使用全局光，距离39个像素，扩展0个像素，大小81个像素（图5-53）。

（3）在上一步的基础上绘制一个较小的矩形。图层样式为：描边大小2个像素，位置选择外部，混合模式为正常，不透明度为100%，填充类型选择颜色（R：211、G：211、B：211）；内阴影混合模式为正片叠底，颜色白色，不透明度37%，角度45°，勾选使用全局光，距离为0个像素，阻塞0%，大小为2个像素；外发光混合模式为线性减淡（添加），不透明度29%，杂色0%（颜色参数位置0%颜色为白色，不透明度100%；位置100%颜色为白色，不透明度0%）；投影混合模式为正片叠底，颜色选择黑色，不透明度调整为12%，角度为45°，勾选使用全局光，距离13个像素，扩展0个像素，大小24

图5-52　新建画布

图5-53　绘制正方形矩形

图5-54　绘制较小矩形

个像素（图5-54）。

（4）绘制一个长方形矩形作为刻度标识。图层样式为：内阴影混合模式为正片叠底，颜色黑色，不透明度20%，角度45°，勾选使用全局光，距离为1个像素，阻塞0%，大小为0个像素；投影混合模式为正片叠底，颜色选择白色，不透明度调整为65%，角度为45°，距离1个像素，扩展0个像素，大小0个像素。使用快捷键将矩形以轴线复制，正圆形式均匀分散（图5-55）。

（5）在矩形刻度标识外侧添加数字。图层样式为：内阴影混合模式为正片叠底，颜色黑色，不透明度19%，角度45°，勾选使用全局光，距离为1个像素，阻塞0%，大小为0个像素；投影混合模式为正片叠底，颜色选择白色，不透明度调整为55%，角度为45°，距离1个像素，扩展0个像素，大小0个像素。使用快捷键将数字以轴线复制，正圆形式均匀分散（图5-56）。

（6）新建图层用画笔绘制暗部效果，添加蒙版擦出投影轮廓（图5-57）。

（7）绘制半圆作为按钮厚度。图层样式为：投影混合模式为正片叠底，颜色选择黑色，不透明度调整为53%，角度45°，勾选使用全局光，距离50个像素，扩展0个像素，大小92个像素（图5-58）。

（8）新建图层绘制正圆形状。图层样式为斜面和浮雕样式选择内斜面，方法选择平滑，深度100%，方向选择上，大小7个像素，软化0个像素，阴影角度为45°，勾选使用全局光，高度为30°，高光模式选择滤色，颜色为白色，不透明度100%，阴影模式为正片叠底，颜色选择黑色，不透明度20%；描边大小1个像素，位置选择外部，混合模式为正常，不透明度为100%，填充类型选择渐变，参数为（位置0%颜色为灰色，不透明度100%；位置100%颜色为白色，不透明度100%），样式选择线性，勾选与图层对齐，角度45°，勾选仿色，缩放100%；渐变叠加混合模式为正常，不透明度调整为100%，渐变参数选择（位置0%颜色为灰色，不透明度100%；位置100%颜色为白色，不透明度100%）勾选与图层对齐，样式为线性，角度45°，缩放100%；投影混合模式为正片叠底，颜色选择黑色，不透明度调整为26%，角度为45°，距离5个像素，扩展0个像素，大小5个像素（图5-59）。

（9）在上一步正圆中心新建一个尺寸较小的正圆形状。图层样式为：描边大小1个像素，位置选择外部，混合模式为正常，不透明度为100%，填充类型选择渐变，参数为（位置0%颜色为灰色，不透明度100%；位置100%颜色为白色，不透明度100%），样式选择线性，勾选与图层对齐，角度0°，缩放100%；渐变叠加混合模式为正常，不透明度调整为100%，渐变参数选择（位置0%颜色为灰色，不透明度100%；位置100%颜色为白色，不透明度100%），勾选与图层对齐，样式为线性，角度45°，缩放100%（图5-60）。

图5-55　绘制刻度标识

图5-56　添加数字

图5-57　绘制暗部效果

图5-58　绘制按钮厚度

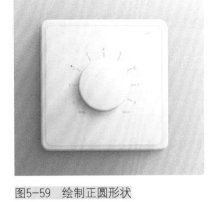

图5-59　绘制正圆形状

图5-60　绘制较小正圆形状

图5-61　添加指示和标识

（10）在正圆的中心添加按钮的指示和标识。指示图层样式为：内阴影混合模式为正片叠底，颜色黑色，不透明度19%，角度45°，勾选使用全局光，距离为1个像素，阻塞0%，大小为0个像素；投影混合模式为正片叠底，颜色选择白色，不透明度调整为55%，角度为45°，距离1个像素，扩展0个像素，大小0个像素。标识图层样式为：内阴影混合模式为正片叠底，颜色黑色，不透明度14%，角度45°，勾选使用全局光，距离为1个像素，阻塞0%，大小为5个像素；投影混合模式为正片叠底，颜色选择白色，不透明度调整为12%，角度为45°，距离0个像素，扩展0个像素，大小0个像素（图5-61）。

二、进度条

1. 音乐播放器

（1）新建背景层。绘制正圆为播放器外轮廓。图层样式为：内阴影混合模式为正片叠底，颜色黑色，不透明度30%，角度90°，勾选使用全局光，距离为0个像素，阻塞0%，大小为5个像素；投影混合模式为正常，颜色选择白色，不透明度调整为60%，角度为90°，距离2个像素，扩展0个像素，大小0个像素（图5-62）。

（2）绘制播放进度条。填充色为蓝色。图层样式为：投影混合模式为正片叠底，颜色选择黑色，不透明度调整为50%，角度为90°，勾选使用全局光，距离2个像素，扩展0个像素，大小5个像素。点击创造剪切蒙版（图5-63）。

（3）继续新建图层绘制正圆形状为播放器内轮廓。图层样式为：渐变叠加混合模式为正常，不透明度调整为100%，渐变参数选择（位置0%颜色为灰色，不透明度100%；位置100%颜色为白色，不透明度100%）勾选与图层对齐，样式为线性，角度90°，缩放100%；投影混合模式为正常正片叠底，颜色选择黑色，不透明度调整为50%，角度为90°，距离2个像素，扩展0个像素，大小5个像素（图5-64）。

（4）绘制一个正圆形状。作为按钮样式。图层样式为：描边大小1个像素，位置选择内部，混合模式为正常，不透明度为100%，填充类型选择渐变（位置0%颜色为灰色，不透明度100%；位置100%颜色为白色，不透明度100%），样式为线性，选择与图层对齐，角度为90°，缩放100%；内阴影混合模式为正常，颜色白色，不透明度60%，角度90°，距离为3个像素，阻塞0%，大小为0个像素；渐变叠加混合模式为正常，不透明度调整为100%，渐变参数选择（位置0%颜色为灰色，不透明度100%；位置100%颜色为灰色，不透明度100%）勾选与图层对齐，样式为线性，角度90°，缩放100%；投影混合模式为正常正片叠底，颜色选择黑色，不透明度调

整为50%，角度为90°，距离3个像素，扩展0个像素，大小8个像素（图5-65）。

（5）绘制播放器的按键形状。图层样式为：渐变叠加混合模式为正常，不透明度调整为100%，渐变参数选择（位置0%颜色为灰色，不透明度100%；位置100%颜色为白色，不透明度100%）勾选与图层对齐，样式为线性，角度90°，缩放100%；投影混合模式为正常正片叠底，颜色选择黑色，不透明度调整为40%，角度为90°，距离2个像素，扩展0个像素，大小5个像素（图5-66）。

（6）使用快捷键将按键形状以轴线复制，正圆形式均匀分散（图5-67）。

（7）新建图层在按钮上绘制一个矩形，作为音量减的标志。图层样式为：内阴影混合模式为正片叠底，颜色黑色，不透明度30%，角度90°，勾选使用全局光，距离为0个像素，阻塞0%，大小为5个像素；颜色

图5-62　新建背景层

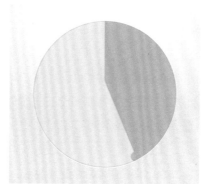

图5-63　绘制播放进度条

图5-64　绘制内轮廓

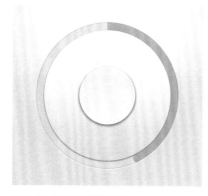

图5-65　绘制正圆形状

图5-66　绘制按键形状

图5-67　复制按键

图5-68　绘制音量减的标志

图5-69　绘制其他控制标识

叠加混合模式为正常，颜色参数为R：159、G：159、B：167，不透明度100%；投影混合模式为正常，颜色选择白色，不透明度调整为75%，角度为90°，选择使用全局光，距离2个像素，扩展0个像素，大小0个像素（图5-68）。

（8）同上一步绘制出其他控制标识。图层样式为：内阴影混合模式为正片叠底，颜色黑色，不透明度30%，角度90°，勾选使用全局光，距离为0个像素，阻塞0%，大小为5个像素；颜色叠加混合模式为正常，颜色参数为R：159、G：159、B：167，不透明度100%；投影混合模式为正常，颜色选择白色，不透明度调整为75%，角度为90°，选择使用全局光，距离2个像素，扩展0个像素，大小0个像素（图5-69）。

2. 加载进度

（1）浅色进度符号

1）新建背景层，绘制一个正方形矩形。图层样式为：斜面和浮雕样式选择内斜面，方法选择平滑，深度215%，方向选择上，大小13个像素，软化16个像素，阴影角度为90°，高度为30°，高光模式选择滤色，颜色为白色，不透明度75%，阴影模式为正片叠底，颜色选择灰色，不透明度75%；渐变叠加混合模式为正常，不透明度调整为100%，渐变参数选择（位置0%颜色为灰色，不透明度100%；位置100%颜色为白色，不透明度100%）勾选与图层对齐，样式为线性，角度90°，缩放100%；投影混合模式为正常，颜色选择黑色，不透明度调整为75%，角度为90°，距离27个像素，扩展0个像素，大小54个像素（图5-70）。

2）在正方形矩形上绘制正圆。图层样式为：渐变叠加混合模式为正常，不透明度调整为100%，渐变参数选择（位置0%颜色为白色，不透明度100%；位置100%颜色为灰色，不透明度100%）勾选与图层对齐，样式为线性，角度90°，缩放100%（图5-71）。

3）绘制彩色进度条效果。图层样式为：斜面和浮雕样式选择内斜面，方法选择平滑，深度103%，方向选择上，大小10个像素，软化26个像素，阴影角度为90°，高度为30°，高光模式选择滤色，颜色为白色，不透明度75%，阴影模式为正常，颜色选择灰色，不透明度38%；渐变叠加混合模式为正常，不透明度调整为100%，渐变参数选择（位置39%颜色为，不透明度100%；位置100%颜色为R：21、G：167、B：253，不透明度100%）勾选与图层对齐，样式为角度，角度90°，缩放100%（图5-72）。

4）给加载进度条添加质感效果，绘制一个正圆。图层样式为：斜面和浮雕样式选择内斜面，方法选择平滑，深度100%，方向选择上，大小8个像素，软化11个像素，阴影角度为90°，高度为30°，高光模式选择滤色，颜色为白色不透明度75%，阴影模式为正片叠底，颜色选择灰色，不透明度67%；内阴影混合模式为正片叠底，颜色黑色，不透明度75%，角度120°，距离为0个像素，阻塞0%，大小为20个像素（图5-73）。

5）新建图层绘制正圆。图层样式为：内阴影混合模式为正常，颜色白色，不透明度75%，角度90°，距离为7个像素，阻塞0%，大小为7个像素；渐变叠加混合模式为正常，不透明度调整为100%，渐变参数选择（位置0%颜色为灰色，不透明度100%；位置100%颜色为灰色，不透明度100%）勾选与图层对齐，样式为线性，角度90°，缩放100%；投影混合模式为正常，颜色选择黑色，不透明度调整为72%，角度为90°，距离14个像素，扩展0个像素，大小26个像素（图5-74）。

6）新建图层绘制加载进度百分数（图5-75）。

（2）深色进度符号

1）创建背景，新建图层绘制矩形。图层样式为：斜面和浮雕样式选择内斜面，方法选择平滑，深度100%，方向选择上，大小19个像素，软化16个像素，阴影角度为120°，勾选使用全局光，高度为30°，高光模式选择滤色，颜

图5-70　新建背景层

图5-71　绘制正圆

图5-72　绘制彩色进度条

图5-73　添加质感效果

图5-74　绘制正圆

图5-75　绘制加载进度百分数

图5-76 创建背景

图5-77 绘制正圆

图5-78 新建正圆

图5-79 绘制刻度效果

色为白色，不透明度68%，阴影模式为正片叠底，颜色参数R：29、G：64、B：153，不透明度63%；渐变叠加混合模式为正常，不透明度调整为100%，渐变参数选择（位置0%颜色参数R：28、G：29、B：57，不透明度100%；位置100%颜色参数R：127、G：130、B：171，不透明度100%）勾选与图层对齐，样式为线性，角度90°，缩放100%；投影混合模式为正常，颜色选择参数R：110、G：115、B：137，不透明度调整为98%，角度为90°，距离59个像素，扩展0个像素，大小81个像素（图5-76）。

2）新建图层在矩形内部绘制正圆形状，做出凹陷效果。图层样式为：斜面和浮雕样式选择内斜面，方法选择平滑，深度100%，方向选择上，大小7个像素，软化16个像素，阴影角度为120°，勾选使用全局光，高度为30°，高光模式选择滤色，颜色为白色，不透明度75%，阴影模式为正片叠底，颜色参数R：60、G：62、B：95，不透明度75%；渐变叠加混合模式为正常，不透明度调整为100%，渐变参数选择（位置0%颜色参数R：80、G：82、B：121，不透明度100%；位置100%颜色参数R：66、G：69、B：112，不透明度100%）勾选与图层对齐，样式为线性，角度90°，缩放100%；投影混合模式为正常，颜色选择白色，不透明度调整为11%，角度为-90°，距离33个像素，扩展0个像素，大小40个像素（图5-77）。

3）新建正圆形状，为进度条填充未加载时的效果（图5-78）。

4）使用矩形绘制出进度条的刻度效果，创建剪切蒙版（图5-79）。

5）给加载进度条添加质感效果，绘制一个正圆。图层样式为：斜面和浮雕样式选择内斜面，方法选择平滑，深度100%，方向选择上，大小54个像素，软化0个像素，阴影角度为120°，勾选使用全局光，高度为30°，高光模式选择滤色，颜色参数R：221、G：171、B：171，不透明度75%，阴影模式为正片叠底，颜色为白色，不透明度75%；渐变叠加混合模式为正常，不透明度调整为100%，渐变参数选择（位置36%颜色参数R：232、G：108、B：46，不透明度100%；位置86%颜色参数R：0、G：255、B：0，不透明度100%）勾选与图层对齐，样式为角度，角度33°，缩放100%（图5-80）。

6）绘制正圆形状。图层样式为：内阴影混合模式为正常，颜色参数R：39、G：40、B：70，不透明度75%，角度-76°，距离为6个像素，阻塞0%，大小为0个像素；渐变叠加混合模式为正常，不透明度调整为100%，渐变参数选择（位置0%颜色参数R：39、G：40、B：70，不透明度100%；位置100%颜色参数R：94、G：97、B：156，不透明度100%）勾选与图层对齐，样式为线性，角度90°，缩放100%；投影混合模式为正片叠底，颜色选择黑色，不透明度调整为75%，角

图5-80　添加质感效果

图5-81　新建正圆

图5-82　绘制加载进度

图5-83　创建画布背景

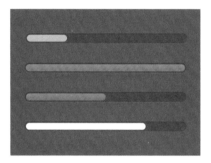

图5-84　绘制圆角矩形

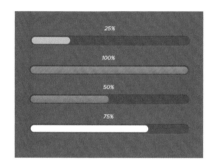

图5-85　绘制加载进度

度为120°，距离0个像素，扩展0个像素，大小11个像素（图5-81）。

7）新建图层添加加载进度的百分比。图层样式为：内发光混合模式为正常，不透明度75%，杂色0%，参数选择（位置0%颜色为白色，不透明度100%；位置100%颜色为白色，不透明度0%）图素方式为边缘柔和，阻塞0%，大小为8个像素；渐变叠加混合模式为正常，不透明度调整为100%，渐变参数选择（位置0%颜色为灰色，不透明度100%；位置100%，颜色为白色，不透明度100%）勾选与图层对齐，样式为线性，角度90°，缩放100%；投影混合模式为正常，颜色选择黑色，不透明度调整为75%，角度为90°，距离8个像素，扩展0个像素，大小12个像素（图5-82）。

（3）四联组进度条

1）创建画布背景后，新建图层绘制圆角矩形，复制三次依次排列。图层样式为：内阴影混合模式为正常，颜色黑色，不透明

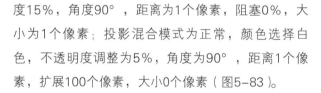

度15%，角度90°，距离为1个像素，阻塞0%，大小为1个像素；投影混合模式为正常，颜色选择白色，不透明度调整为5%，角度为90°，距离1个像素，扩展100个像素，大小0个像素（图5-83）。

2）继续绘制圆角矩形，依次排列，作为进度条的加载质感。图层样式为：内阴影混合模式为正常，颜色白色，不透明度10%，角度90°，距离为1个像素，阻塞0%，大小为0个像素；渐变叠加混合模式为正常，不透明度调整为15%，渐变参数选择（位置0%颜色为白色，不透明度0%；位置100%颜色为白色，不透明度100%）勾选与图层对齐，样式为线性，角度90°，缩放100%；图案叠加的混合模式选择正常，不透明度5%，选择合适的图案，缩放100%，勾选与图层链接（图5-84）。

3）新建图层添加加载进度的百分比。图层样式为：投影混合模式为正常，颜色选择黑色，不透明度调整为20%，角度为135°，距离1个像素，扩展100个像素，大小0个像素（图5-85）。

三、质感表现

1. 塑料质感

（1）创建画布。新建图层创建两个椭圆为阴影部分，再创建一个正圆形状为球体本身（图5-86）。

（2）绘制球体下半部分形状，增加厚度质感（图5-87）。

（3）再次绘制球体下半部分形状，运用画笔工具或渐变营造立体质感，填充色为白色（图5-88）。

（4）新建图层绘制椭圆形状，作为球体横截面。图层样式为：描边大小3个像素，位置选择外部，混合模式为正常，不透明度100%，填充类型选择渐变（位置0%颜色为白色，不透明度100%；位置100%颜色为灰色，不透明度100%），勾选反向和与图层对齐，样式为线性，角度0°，缩放100%；渐变叠加混合模式为正常，不透明度调整为100%，渐变参数选择（位置0%颜色为灰色，不透明度100%；

位置100%颜色为黑色，不透明度100%）勾选反向和与图层对齐，样式为线性，角度0°，缩放100%（图5-89）。

（5）复制上一步骤形状，将填充色改为黑色，上移错开制造边缘厚度质感（图5-90）。

（6）新建图层形状绘制球体上半部分，填充色为R：97、G：19、B：17（图5-91）。

（7）使用画笔工具，降低流量和硬度参数，点出红色光晕，使球体质感更立体，然后创建剪切蒙版（图5-92）。

（8）用矩形工具和变形工具，绘制出球体的高光效果（图5-93）。

（9）新建图层，绘制一个填充色为灰色的椭圆，作为球体开口。将灰色椭圆复制轻移错开，制造球体内壁厚度，这里球体外壳的塑料质感已经基本成型（图5-94）。

（10）新建图层，在球体开口的椭圆上叠加一个

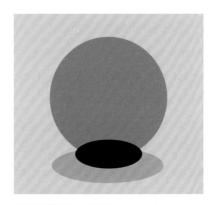

图5-86　创建画布

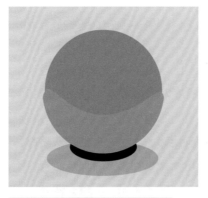

图5-87　绘制球体下半部分形状

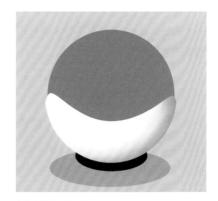

图5-88　填色

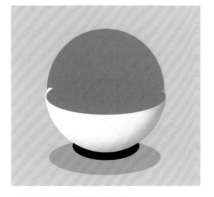

图5-89　绘制椭圆形状

图5-90　复制椭圆形状

图5-91　绘制球体上半部分

图5-92 绘制红色光晕

图5-93 绘制高光效果

图5-94 绘制球体开口

较小的椭圆，填充色为白色。图层样式为：斜面和浮雕样式选择内斜面，方法选择平滑，深度100%，方向选择上，大小5个像素，软化4个像素，阴影角度为-58°，高度为42°，高光模式选择正常，颜色为白色，不透明度75%，阴影模式为正常，颜色选择灰色，不透明度75%。再创建一个椭圆填充色为灰色，复制以后下移变形，做出按钮质感（图5-95）。

图5-95 绘制开口造型

2. 瓷器质感

（1）新建背景图层后，绘制圆角矩形。图层样式为：混合选项模式为正常，不透明度100%，填充不透明度为100%，通道勾选RGB，勾选将内部效果混合成组和透明形状图层，混合颜色带为灰色；斜面和浮雕样式选择内斜面，方法选择平滑，深度100%，方向选择上，大小5个像素，软化7个像素，阴影角度为125°，高度为30°，高光模式选择滤色，颜色为白色，不透明度0%，阴影模式为正片叠底，颜色选择浅蓝色，不透明度10%；内阴影混合模式为正常，颜色白色，不透明度59%，角度125°，距离为3个像素，阻塞0%，大小为4个像素；内发光混合模式为正常，不透明度10%，杂色0%，参数选择（位置0%颜色为白色，不透明度100%；位置100%颜色为白色，不透明度0%）图素方式为边缘柔和，阻塞0%，大小为4个像素；渐变叠加混合模式为正常，不透明度调整为100%，渐变参数选择（位置0%颜色为白色，不透明度100%；位置100%颜色为浅蓝色，不透明度100%）勾选反向和与图层对齐，样式为线性，角度125°，缩放100%；图案叠加的混合模式选择柔光，不透明度40%，选择合适的图案，缩放100%，勾选与图层链接；投影混合模式为正片叠底，颜色选择黑色，不透明度调整为35%，角度为90°，距离4个像素，扩展0个像素，大小15个像素（图5-96）。

（2）新建图层，绘制圆角矩形作为瓷盘底部。图层样式为：内发光混合模式为正常，不透明度4%，杂色0%，参数选择（位置0%颜色为蓝色，不透明度100%；位置100%颜色为白色，不透明度0%）图素方式为边缘柔和，阻塞0%，大小为15个像素（图5-97）。

（3）用画笔工具和矩形工具在适当位置添加高光。新建图层绘制正圆。图层样式为：斜面和浮雕样式选择内斜面，方法选择平滑，深度100%，方向选择上，大小5个像素，软化7个像素，阴影角度为125°，高度为30°，高光模式选择滤，颜色为白色，不透明度0%，阴影模式为正片叠底，颜色选择蓝色，不透明度10%；内阴影混合模式为颜色减淡，颜色白色，不透明度6%，角度125°，距离为3个像素，阻塞0%，大小为4像素；内发光混合模式为正常，不透明度10%，杂色0%，参数选择（位置0%颜色为白色，不透明度100%；位置100%颜色为白色，不透明度0%）图素方式为边缘柔和，阻塞0%，大小为4个像素；渐变叠加混合模式为正常，不透明度调整为100%，渐变参数选择（位置0%颜色为蓝色，不透明度100%；位置100%颜色为白色，不透明度100%）勾选反向和与图层对齐，样式为线性，角度125°，缩放100%；图案叠加的混合模式选择柔光，不透明度40%，选择合适的图案，缩放100%，勾选与图层链接；投影混合模式为正片叠底，颜色选择黑色，不透明度调整为30%，角度为125°，距离30个像素，扩展0个像素，大小36个像素（图5-98）。

（4）新建图层绘制正圆。图层样式为：内发光

混合模式为正常，不透明度4%，杂色0%，参数选择（位置0%颜色为蓝色，不透明度100%；位置100%颜色为白色，不透明度0%）图素方式为边缘柔和，阻塞0%，大小为15个像素（图5-99）。

（5）用画笔工具和矩形工具在适当位置添加高光等细节（图5-100）。

（6）绘制形状增加纹理质感。图层样式为：投影混合模式为正常，颜色选择黑色，不透明度调整为25%，角度为145°，距离15个像素，扩展0个像素，大小5个像素（图5-101）。

（7）开始绘制瓷盘内装饰物，绘制树枝形状。图层样式设置为：斜面和浮雕样式选择内斜面，方法选择平滑，深度100%，方向选择上，大小2个像素，软化3个像素，阴影角度为120°，勾选使用全局光，高度为30°，高光模式选择滤色，颜色为白色，不透明度0%，阴影模式为正片叠底，颜色选择黑色，不透明度59%；内阴影混合模式为颜色减淡，颜色参数R：230、G：219、B：198，不透明度31%，角度125°，距离为1个像素，阻塞30%，大小为0像素；投影混合模式为正片叠底，颜色选择黑色，不透明度调整为75%，角度为125°，距离3个像素，扩展0个像素，大小5个像素（图5-102）。

（8）绘制树叶形状。图层样式设置为：内阴影混合模式为颜色减淡，颜色参数R：159、G：229、B：76，不透明度17%，角度125°，距离为1个像素，阻塞0%，大小为1像素（图5-103）。

图5-96 新建画布背景

图5-97 绘制圆角矩形

图5-98 复制圆角矩形

图5-99　绘制正圆

图5-100　添加高光

图5-101　增加纹理质感

图5-102　绘制瓷盘内装饰物

图5-103　绘制树叶形状

3. 金属质感

（1）创建画布。新建一个圆角矩形，图层样式为：内发光混合模式为滤色，不透明度75%，杂色0%，参数选择（位置0%颜色为白色，不透明度100%；位置100%颜色为白色，不透明度0%）图素方式为边缘柔和，阻塞0%，大小为2个像素；渐变叠加混合模式为正常，不透明度调整为100%，渐变参数选择（位置0%颜色为灰色，不透明度100%；位置100%颜色为白色，不透明度100%）勾选与图层对齐，样式为线性，角度90°，缩放100%；投影混合模式为正片叠底，颜色选择黑色，不透明度调整为75%，角度为90°，距离4个像素，扩展0个像素，大小5个像素。再新建图层，叠加创建一个圆角矩形，图层样式为：内阴影混合模式为正片叠底，颜色黑色，不透明度13%，角度90°，距离为21个像素，阻塞0%，大小为27个像素；渐

变叠加混合模式为正常，不透明度调整为100%，渐变参数选择（位置0%颜色为白色，不透明度100%；位置100%颜色为灰色，不透明度100%）勾选与图层对齐，样式为线性，角度90°，缩放100%；外发光混合模式为滤色，不透明度75%，杂色0%（颜色参数位置0%颜色R：207、G：221、B：229，不透明度0%；位置100%颜色为白色，不透明度100%），图素方法为柔和，扩展0%，大小为4个像素。再次新建一个圆角矩形，填充色为黑色（图5-104）。

（2）新建三个圆角矩形。图层样式为：渐变叠加混合模式为正常，不透明度调整为100%，渐变参数选择（位置0%颜色参数为R：48、G：52、B：51，不透明度100%；位置13%颜色参数为R：142、G：149、B：147，不透明度100%；位置55%颜色参数为R：109、G：115、B：115，不透明度100%；位置77%颜色参数为R：218、G：220、B：

219，不透明度100%；位置100%颜色参数为R：53、G：55、B：54，不透明度100%）勾选与图层对齐，样式为线性，角度90°，缩放100%；投影混合模式为正片叠底，颜色选择黑色，不透明度调整为38%，角度为90°，距离27个像素，扩展0个像素，大小8个像素（图5-105）。

（3）增加金属质感，叠加制作三个矩形。图层样式为：渐变叠加混合模式为正常，不透明度调整为100%，渐变参数选择（位置15%颜色参数为R：104、G：109、B：108，不透明度100%；位置26%颜色参数为R：88、G：86、B：88，不透明度100%；位置65%颜色参数为R：190、G：198、B：200，不透明度100%；位置78%颜色参数为R：255、G：255、B：255，不透明度100%；位置95%颜色参数为R：107、G：117、B：114，不透明度100%）勾选与图层对齐，样式为线性，角

度90°，缩放100%；投影混合模式为正片叠底，颜色选择黑色，不透明度调整为59%，角度为120°，距离0个像素，扩展0个像素，大小5个像素（图5-106）。

（4）绘制出滚轴中间部分的数字。图层样式为：描边大小1个像素，位置选择外部，混合模式为正常，不透明度为100%，填充类型选择颜色（R：160、G：166、B：169）（图5-107）。

（5）绘制出滚轴下部的数字。图层样式为：描边大小1个像素，位置选择外部，混合模式为正常，不透明度为23%，填充类型选择颜色（R：160、G：166、B：169）（图5-108）。

（6）绘制出滚轴上部的数字。图层样式为：描边大小1个像素，位置选择外部，混合模式为正常，不透明度为100%，填充类型选择颜色（R：160、G：166、B：169）（图5-109）。

图5-104 创建画布

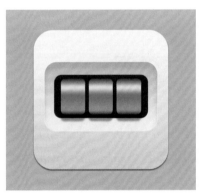

图5-105 新建三个圆角矩形

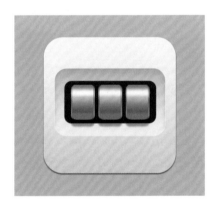

图5-106 增加金属质感

图5-107 绘制出滚轴中间数字

图5-108 绘制滚轴下部数字

图5-109 绘制滚轴上部数字

4. 镜头质感

（1）新建画布。绘制正圆形状，叠加底部形状作为投影（图5-110）。

（2）绘制正圆。图层样式为：内阴影混合模式为正常，颜色白色，不透明度75%，角度90°，勾选使用全局光，距离为1个像素，阻塞0%，大小为0个像素（图5-111）。

（3）设置渐变叠加混合模式为正常。不透明度调整为100%，渐变参数选择（位置0%颜色为白色，不透明度100%；位置100%颜色为白色，不透明度0%）勾选与图层对齐，样式为径向，角度90°，缩放150%（图5-112）。

（4）上一步基础上叠加一个较小的正圆。图层样式为：内阴影混合模式为正常，颜色白色，不透明度100%，角度90°，勾选使用全局光，距离为3个像素，阻塞0%，大小为0个像素；颜色叠加混

合模式为正常，颜色选择黑色，不透明度100%（图5-113）。

（5）继续叠加正圆形状。图层样式为：内阴影混合模式为正常，颜色白色，不透明度50%，角度90°，勾选使用全局光，距离为1个像素，阻塞0%，大小为0个像素；颜色叠加混合模式为正常，颜色选择黑色，不透明度100%（图5-114）。

（6）新建图层。绘制一个正圆，图层样式为：内阴影混合模式为正常，颜色白色，不透明度50%，角度90°，勾选使用全局光，距离为7个像素，阻塞0%，大小为0个像素；渐变叠加混合模式为正常，不透明度调整为100%，渐变参数选择（位置0%颜色为黑色，不透明度100%；位置100%颜色为灰色，不透明度100%）勾选与图层对齐，样式为线性，角度90°，缩放100%（图5-115）。

（7）在上一步的基础上绘制圆角矩形。图层样

图5-110　新建画布

图5-111　绘制正圆

图5-112　设置渐变叠加混合模式

图5-113　叠加一个较小的正圆

图5-114　继续叠加正圆形状

图5-115　新建正圆

式为：内发光混合模式为正常，不透明度75%，杂色0%，参数选择（位置0%颜色为黑色，不透明度100%；位置100%颜色为黑色，不透明度0%）图素方式为边缘柔和，阻塞5%，大小为70个像素；渐变叠加混合模式为正常，不透明度调整为100%，渐变参数选择（位置0%颜色为黑色，不透明度100%；位置100%颜色为黑色，不透明度100%）勾选与图层对齐，样式为线性，角度-82°，缩放141%；外发光混合模式为滤色，不透明度75%，杂色0%（位置0%颜色为黑色，不透明度100%；位置100%颜色为黑色，不透明度0%），图素方法为柔和，扩展0%，大小0个像素（图5-116）。

（8）新建图层，叠加正圆。图层样式为：渐变叠加混合模式为正常，不透明度调整为100%，渐变参数选择（位置0%颜色参数为R：106、G：170、B：190，不透明度100%；位置43%颜色参数为R：75、G：118、B：148，不透明度100%；位置84%颜色参数为R：71、G：74、B：116，不透明度100%；位置100%颜色参数为R：109、G：75、B：114，不透明度100%）勾选与图层对齐，样式为径向，角度149°，缩放87%。再次叠加一个正圆，图层样式为：渐变叠加混合模式为正常，不透明度调整为100%，渐变参数选择（位置0%颜色参数为R：71、G：130、B：178，不透明度100%；位置23%颜色参数为R：76、G：75、B：117，不透明度100%；位置68%颜色参数为R：86、G：78、

B：116，不透明度100%；位置100%颜色参数为R：188、G：50、B：150，不透明度100%）勾选与图层对齐，样式为线性，角度159°，缩放100%（图5-117）。

（9）绘制正圆形状。图层样式为：渐变叠加混合模式为正常，不透明度调整为100%，渐变参数选择（位置0%颜色参数为R：31、G：31、B：31，不透明度100%；位置100%颜色参数为R：63、G：23、B：62，不透明度100%）勾选与图层对齐，样式为线性，角度90°，缩放100%（图5-118）。

（10）绘制正圆形状制作镜头。图层样式为：渐变叠加混合模式为正常，不透明度调整为100%，渐变参数选择（位置0%颜色参数为R：31、G：62、B：86，不透明度100%；位置23%颜色参数为R：76、G：75、B：117，不透明度100%；位置62%颜色参数为R：30、G：44、B：80，不透明度100%；位置100%颜色参数为R：207、G：54、B：171，不透明度100%）勾选与图层对齐，样式为线性，角度159°，缩放100%。叠加一个较小的正圆形状，图层样式为：颜色叠加混合模式为正常，颜色选择黑色，不透明度100%（图5-119）。

（11）添加形状。绘制镜头反光效果，创建剪切蒙版（图5-120）。

（12）使用笔刷在新建图层上绘制光晕效果（图5-121）。

图5-116 绘制圆角矩形

图5-117 叠加正圆

图5-118 绘制正圆形状

图5-119　绘制正圆形状镜头　　　　图5-120　绘制镜头反光效果　　　　图5-121　绘制光晕效果

5. 玉石质感

（1）新建图层，绘制一个圆角矩形。图层样式为：投影混合模式为正片叠底，颜色选择黑色，不透明度调整为50%，角度为90°，勾选使用全局光，距离13个像素，扩展4个像素，大小15个像素（图5-122）。

（2）将上步骤圆角矩形复制。投影混合模式为正片叠底，颜色选择黑色，不透明度调整为40%，角度为90°，勾选使用全局光，距离7个像素，扩展4个像素，大小5个像素（图5-123）。

（3）新建图层绘制圆角矩形。图层样式为：斜面和浮雕样式选择内斜面，方法选择平滑，深度100%，方向选择上，大小29个像素，软化0个像素，阴影角度为90°，勾选使用全局光，高度为80°，高光模式选择正常，颜色为白色，不透明度100%，阴影模式为颜色加深，颜色参数为R：80、G：89、B：60，不透明度100%；内阴影混合模式为线性加深，颜色参数R：52、G：59、B：43，不透明度14%，角度-90°，距离为26个像素，阻塞0%，大小为25像素；内发光混合模式为叠加，不透明度15%，杂色0%，参数选择（位置0%颜色为黑色，不透明度100%；位置100%颜色为黑色，不透明度0%）图素方式为边缘柔和，阻塞0%，大小为18个像素；投影混合模式为正片叠底，颜色参数为R：136、G：154、B：106，不透明度调整为53%，角度为90°，距离13个像素，扩展4个像素，大小21个像素。拖入合适素材，创建剪切蒙版（图5-124）。

（4）绘制圆角矩形。图层样式为：斜面和浮雕样式选择内斜面，方法选择平滑，深度100%，方向选择上，大小29个像素，软化0个像素，阴影角度为90°，勾选使用全局光，高度为80°，高光模式选择正常，颜色为白色，不透明度100%，阴影模式为颜色加深，颜色参数为R：80、G：89、B：60，不透明度0%；增强暗部效果，将矩形复制

图5-122　绘制圆角矩形

图5-123　复制圆角矩形

一层，图层样式为：内阴影混合模式为叠加，颜色黑色，不透明度50%，角度-90°，距离为0个像素，阻塞0%，大小为10个像素（图5-125）。

（5）继续复制一层。设置参数强调玉石的反光效果，图层样式为：内阴影混合模式为叠加，颜色白色，不透明度40%，角度-90°，距离为6个像素，阻塞0%，大小为15个像素（图5-126）。

（6）绘制一个正圆。为玉石中间凹陷质感设置参数，图层样式为：斜面和浮雕样式选择浮雕效果，方法选择平滑，深度100%，方向选择下，大小20个像素，软化0个像素，阴影角度为90°，高度为90°，高光模式选择叠加，颜色为白色，不透明度65%，阴影模式为颜色加深，颜色为黑色，不透明度60%（图5-127）。

（7）绘制出八卦的形状。图层样式为：渐变叠加混合模式为叠加，不透明度调整为15%，渐变参数选择（位置0%颜色为白色，不透明度100%；位置100%颜色为黑色，不透明度100%）勾选反向和与图层对齐，样式为线性，角度-90°，缩放100%（图5-128）。

（8）将上层形状复制。图层样式为：渐变叠加混合模式为叠加，不透明度调整为15%，渐变参数选择（位置0%颜色为白色，不透明度100%；位置100%颜色为黑色，不透明度100%）勾选反向和与图层对齐，样式为线性，角度-90°，缩放100%（图5-129）。

图5-124　设置质感

图5-125　绘制圆角矩形

图5-126　复制圆角矩形

图5-127　绘制正圆

图5-128　绘制八卦形状

图5-129　复制上层形状

6. 毛绒质感

（1）独眼毛绒怪兽

1）新建背景层，绘制正圆形状，填充色为黑色，给一定数值的径向模糊（图5-130）。

2）将上层形状复制，使用液化工具拉伸出粗略的毛绒质感（图5-131）。

3）绘制一个正圆形状，制作眼球质感，图层样式为：内阴影混合模式为正片叠底，颜色黑色，不透明度75%，角度-68°，距离为18个像素，阻塞0%，大小为38个像素；内发光混合模式为正常，不透明度75%，杂色0%，参数选择（位置0%颜色为灰色，不透明度100%；位置100%颜色为灰色，不透明度0%）图素方式为边缘柔和，阻塞0%，大小为144个像素；外发光混合模式为正常，不透明度75%，杂色0%（位置0%颜色为黑色，不透明度100%；位置100%颜色为黑色，不透明度0%），图素方法为柔和，扩展0%，大小27个像素；投影混合模式为正片叠底，颜色选择黑色，不透明度调整为75%，角度为-56°，勾选使用全局光，距离29个像素，扩展0个像素，大小46个像素（图5-132）。

4）新建图层绘制正圆，填充色为蓝色，图层样式为：内发光混合模式为正常，不透明度96%，杂色0%，参数选择（位置0%颜色为黑色，不透明度100%；位置100%颜色为黑色，不透明度0%）图素方式为边缘柔和，阻塞0%，大小为19个像素。使用画笔工具点出高光效果（图5-133）。

5）叠加正圆形状，填充色为黑色制作瞳孔效果，图层样式为：斜面和浮雕样式选择内斜面，方法选择平滑，深度246%，方向选择上，大小16个像素，软化16个像素，阴影角度为-56°，勾选使用全局光，高度为53°，高光模式选择滤色，颜色为黑色，不透明度75%，阴影模式为正片叠底，颜色为黑色，不透明度75%。使用画笔工具点出高光晕染效果（图5-134）。

6）绘制嘴巴形状，图层样式为：斜面和浮雕样式选择内斜面，方法选择平滑，深度827%，方向选择上，大小29个像素，软化4个像素，阴影角度为-56°，勾选使用全局光，高度为53°，高光模式选择正常，颜色为白色，不透明度65%，阴影模式为正常，颜色为黑色，不透明度0%；内阴影混合模式为正片叠底，颜色黑色，不透明度75%，角度142°，距离为12个像素，阻塞12%，大小为27个像素；内发光混合模式为滤色，不透明度75%，杂色0%，参数选择（位置0%颜色为淡红色，不透明度100%；位置100%颜色为淡红色，不透明度0%）图

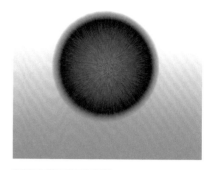

图5-130 新建背景

图5-131 复制上层形状

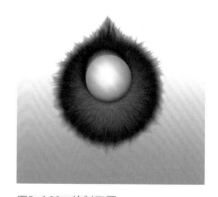

图5-132 绘制正圆

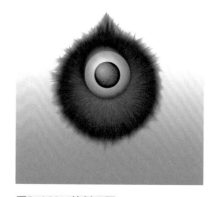

图5-133 绘制正圆

素方式为边缘柔和，阻塞15%，大小为32个像素；颜色叠加混合模式为正常，颜色选择黑色，不透明度100%；外发光混合模式为滤色，不透明度75%，杂色0%（位置0%颜色为黑色，不透明度100%；位置100%颜色为黑色，不透明度0%），图素方法为柔和，扩展0%，大小29个像素（图5-135）。

7）新建图层，绘制嘴巴内部口腔的效果。图层样式为：内发光混合模式为正常，不透明度75%，杂色0%，参数选择（位置0%颜色为黑色，不透明度100%；位置100%颜色为黑色，不透明度0%）图素方式为边缘柔和，阻塞7%，大小为27个像素；外发光混合模式为滤色，不透明度75%，杂色0%（位置0%颜色为淡红色，不透明度100%；位置100%颜色为淡红色，不透明度0%），图素方法为柔和，扩展12%，大小10个像素（图5-136）。

8）绘制牙齿形状，图层样式为：斜面和浮雕样式选择内斜面，方法选择平滑，深度164%，方向选择上，大小5个像素，软化3个像素，阴影角度为90°，勾选使用全局光，高度为58°，高光模式选择滤色，颜色为白色，不透明度75%，阴影模式为正片叠底，颜色为黑色，不透明度75%（图5-137）。

9）绘制舌头形状，使用画笔工具点出高光，创建剪切蒙版（图5-138）。

10）为画面添加曲线调整效果，底部用画笔工具绘制投影（图5-139）。

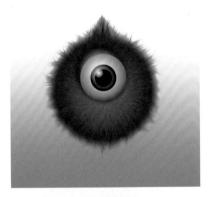
图5-134　叠加正圆形状

图5-135　绘制嘴巴形状

图5-136　绘制口腔

图5-137　绘制牙齿形状

图5-138　绘制舌头形状

图5-139　绘制投影

（2）毛绒小鸡

1）创建画布，新建图层填充蓝色背景，使用画笔工具点出晕染效果（图5-140）。

2）新建图层绘制椭圆为投影部分，叠加一个不规则形状为暗部（图5-141）。

3）绘制不规则轮廓，填充色参数为R：254、G：236、B：207作为身体部分。使用相同参数填充色绘制两侧翅膀形状（图5-142）。

4）用画笔工具或液化工具制作毛绒质感。图层样式为：颜色叠加混合模式为正常，颜色参数为R：245、G：232、B：204，不透明度100%（图5-143）。

5）新建图层绘制脚部形状，斜面和浮雕样式选择内斜面，方法选择平滑，深度74%，方向选择上，大小18个像素，软化5个像素，阴影角度为100°，勾选使用全局光，高度为32°，高光模式选择正常，颜色为白色，不透明度47%，阴影模式为正片叠底，颜色为黑色，不透明度56%（图5-144）。

6）复制上步骤绘制形状，叠加出暗部效果，绘制高光（图5-145）。

7）使用液化工具为身体部分制作绒毛效果，新建图层绘制浅色肚皮（图5-146）。

8）复制身体形状，叠加出暗部效果，增强毛绒质感（图5-147）。

9）使用柔光选项调整明暗效果，进一步增强质感（图5-148）。

10）新建图层，使用画笔工具点出暗部，创建剪切蒙版。使用画笔工具点出亮部，创建剪切蒙版。为翅膀添加投影，增强立体效果（图5-149）。

11）绘制眉毛样式，复制后调整对称（图5-150）。

12）新建图层绘制眼睛形状，图层样式为：内发光混合模式为正常，不透明度64%，杂色0%，参数

图5-140　创建画布

图5-141　绘制椭圆投影

图5-142　绘制不规则轮廓

图5-143　制作毛绒质感

图5-144　绘制脚部形状

图5-145　绘制暗部效果与高光

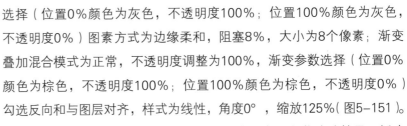

选择（位置0%颜色为灰色，不透明度100%；位置100%颜色为灰色，不透明度0%）图素方式为边缘柔和，阻塞8%，大小为8个像素；渐变叠加混合模式为正常，不透明度调整为100%，渐变参数选择（位置0%颜色为棕色，不透明度100%；位置100%颜色为棕色，不透明度0%）勾选反向和与图层对齐，样式为线性，角度0°，缩放125%（图5-151）。

13）新建图层绘制椭圆形状，填充色为黑色，制作瞳孔效果；新建图层绘制椭圆形状，填充色为白色，制作瞳孔内高光效果（图5-152）。

14）绘制嘴巴形状，填充色为：R：248、G：206、B：153，图层样式为：投影混合模式为正片叠底，颜色选择棕色，不透明度调整为70%，角度为90°，距离3个像素，扩展0个像素，大小4个像素（图5-153）。

15）新建现状，叠加出暗部效果。创建剪切蒙版（图5-154）。

16）新建图层绘制张嘴形状，填充色为红色，图层样式为：斜面和浮雕样式选择内斜面，方法选择平滑，深度100%，方向选择上，大小0个像素，软化2个像素，阴影角度为100°，勾选使用全局光，高度为32°，高光模式选择正常，颜色为白色，不透明度34%，阴影模式为正片叠底，颜色为黑色，不透明度35%（图5-155）。

图5-146　制作身体绒毛效果

图5-147　增强毛绒质感

图5-148　调整明暗效果

图5-149　点出暗部

图5-150　绘制眉毛样式

图5-151　绘制眼睛形状

图5-152　绘制椭圆形状

图5-153　绘制嘴巴形状　　　　　　图5-154　叠加出暗部效果　　　　　　图5-155　绘制张嘴形状

- 补充要点 -

轻质感UI

　　轻质感UI倾向于视觉化图标，图标"Glyph"一词是源自于排版领域，源自于希腊语，含义为"雕刻"。最初，它是读者和作家约定俗成的符号。在排版领域中，符号图标通常包含特定含义、功能，可以是字母、图形，有时候甚至是两者的组合。扁平图标属于轻质感UI，这样的设计比起字符图标就要复杂得多，其中增加了色彩和元素填充。扁平图标专注于清晰而直观的视觉信息传达，为用户提供一目了然的视觉内容。扁平图标设计突出功能，不借助复杂纹理和阴影来地传达信息。

　　无论是写实图标还是轻质感图标，我们都会用到黑、白、灰关系来赋予一个物体具有立体的感觉。所以在制作时多应尝试一些图层样式，例如，描边、内阴影、外发光、投影，参数把控要准确，尽可能去微调直至达到理想效果。

课后练习

1. 页面中导航栏的设计通常具有哪些功能和特点？
2. 商务类网站的导航栏目录通常是根据什么来设定的？
3. 场景设计要注意哪些因素？
4. 谈谈窗口在游戏页面中的作用。
5. 选择任意网站的菜单栏，简要阐述该设计有哪些优缺点。
6. 选择任意软件，为该软件设计一个缩略图标。
7. 自定义风格，设计一个音频类播放进度条。
8. 设计一套具有塑料质感的UI元素。

学习难度：★ ★ ★ ☆ ☆
重点概念：主流系统、系统操作、系统交互

PPT课件，请在计算机里阅读

◀ 章节导读

　　对于用户界面设计，每个人都有自己心仪的风格和样式。大型的科技公司在面对不同喜好用户时，如何将繁杂的口味统一化到设备界面，这其中有他们自己的一套设计体系。在个性化设计中寻求统一，在丰富多变的视觉风格中找到大众化的平衡点，应用于面向群体时的统一性，这是设计UI时需要攻克的难题（图6-1）。

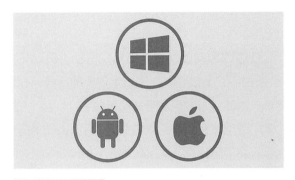

图6-1　操作系统

第一节　安卓系统

一、系统简介

　　安卓系统是谷歌公司开发的操作系统，该平台由操作系统、中间件、用户界面和应用软件组成。安卓的图标样式是一个形态简单，全身绿色的机器人，它的躯干就像锡罐的形状，头上还有两根天线，由Ascender公司设计的，诞生于2010年（图6-2）。

二、界面交互系统

　　随着科技的不断发展，安卓发布的版本不断更新，用户界面也随之进步。

　　安卓1.5于2009年4月30日发布，当时界面中的交互形式只是一些最基本的，例如可以连接立体声蓝牙耳机实现听觉交互，视觉交互上的功能包括拍摄

（a）

（b）

图6-2　安卓系统

图6-3　安卓1.6donut

和播放影片，并支持上传到网络，网络界面采用WebKit技术的浏览器。还可以实现用户对界面中一些元素的复制和粘贴，提供屏幕虚拟键盘。主屏幕的UI元素包括音乐播放器和相框，另外应用程序可适应用户的交互视角自动随着手机旋转。安卓1.6和2.0分别于2009年9月15日和2009年10月26日发布，对当时用户界面进行了改良，交互形式新增了文字转语音系统，新增面向视觉或听觉困难人群的易用性插件。重新设计的快速搜索框、全新的拍照接口、查看应用程序耗电、虚拟键盘、屏幕分辨率、媒体引擎等元素形式。经过改良，白色和黑色背景比率达到更佳更好的。在作为与用户进行交互的硬件设施上，改进了内置相机闪光灯、数码变焦形式、蓝牙设备，另外还支持支持动态桌面的界面效果设计（图6-3）。

安卓2.2和2.2.1于2010年5月20日发布。界面中交互的整体性能大幅度的提升，支持网络共享功能，更新了全新的软件商店样式。安卓2.3于2010年12月7日发布。增加了新的垃圾回收和优化处理板块，为管理窗口和生命周期框架设计了更适合用户交互的样式，支持前置摄像头。用户界面简化，运行速度提升，有了更快更直观的文字输入方式，支持一键文字选择、复制与粘贴，另外更新了应用管理方式的图标（图6-4）。

图6-4　安卓2.3Gingerbread

安卓3.0和3.1分别于2011年2月2日和2011年5月11日发布。界面主要更新优化针对平板，设计了全新的UI设计，任务管理器可滚动，交互上支持USB输入设备如键盘、鼠标、无线手柄等。增强网页浏览功能，能更加容易的定制屏幕插件。安卓3.2和4.0于2011年7月13日和2011年10月19日发布，界面引入了应用显示缩放功能。交互形式有离线阅读、隐身浏览模式、截图功能等，还更新了更强大的图片编辑功能，照片应用可以添加滤镜、相框，进行全景拍摄。照片还能根据地点来排序方便用户浏览。手势控制和离线搜索等让UI功能变得更强大，例如，以联系人照片为核心，界面偏重滑动而非点击的操作形式。另外用户可随时查看每个应用产生的流量，限制使用流量，还可以到达设置标准后自动断开网络（图6-5）。

图6-5　安卓3.0Honeycomb

安卓4.1于2012年6月28日发布，交互过程更快、更流畅、更灵敏，特效动画的帧速提高至60fps，增加了三倍缓冲。增强了通知栏和全新搜索，智能语音和即时搜索等功能的开发带动了更加丰富的UI元素。桌面插件可以自动调整大小，加强无障碍操作，语言和输入法扩展，加入了新的输入类型和功能连接类型。安卓4.2发布于2012年10月30日发布，交互模式有了更大规模的改观，新增特性如全景拍照功能、键盘手势输入功能，改进了锁屏功能和锁屏状态下支持桌面挂件和直接打开照相功能等。可扩展通知，允许用户直接打开应用，邮件可通过手势操作缩放显示，用户连点三次可放大整个显示屏，还可用两根手指进行旋转和缩放显示，以及专为盲人用户设计的语音输出和手势模式导航功能等。另外还新增了屏幕保护程序和共享功能，在定位方面还有航班追踪、酒店和餐厅定位等，以及音乐和电影推荐功能（图6-6）。

安卓4.4于2013年下半年2013年9月4日发布，安卓4.4系统在交互操作上更加个性化，整合了安卓服务特点，力求防止系统分散化。

安卓5.0发布于2014年10月15日，它的用户界面采用了一种全新的设计风格，UI元素的设计趋势悄然扁平化，例如对于桌面图标及部件的透明度进行的稍稍的调整，并且各种桌面小部件也可以重叠摆放，另外加入了透明度的改进。界面加入了五彩缤纷的颜色、流畅的动画效果，呈现出一种清新的风格（图6-7）。

安卓6.0发布于2015年5月28日，用户界面的整体设计风格依然保持扁平化的风格。在对用户体验与软件运行性能上进行了大幅度的优化。例如设备续航时间提升30%（图6-8）。

（a）

（b）

图6-6　安卓4.1Jelly Bean

图6-7　安卓5.0Lollipop

图6-8　安卓6.0Marshmallow

安卓系统在界面上的交互研发经历了产品定位和人群分析，最后摸索出符合主流的设计趋势。既做到强调自身产品的设计语言，还要做到在符合大众审美、大众操作心理的条件下研发产品的界面设计。安卓系统界面从界面视觉质感上出发，进行用户界面设计，这也是从生活的角度出发，将设计与日常相结合的理念。运用质感纹理和空间深度所能传达的不同视觉效果，来区分界面内的各个UI组件元素，为用户制造视觉层次感。

第二节　iOS系统

一、系统简介

iOS是由苹果公司开发的移动操作系统。苹果公司最早于2007年1月9日的Macworld大会上公布这个系统，最初是设计给iPhone使用的，后来陆续套用到iPod touch、iPad以及Apple TV等产品上（图6-9）。

iOS与苹果的Mac OS X操作系统一样，属于类Unix的商业操作系统。iOS的用户界面的概念基础上是能够使用多点触控直接操作。控制方法包括滑动，轻触开关及按键。与系统交互包括滑动、轻按、挤压及旋转。屏幕的下方有一个主屏幕按键，四个用户最经常使用的程序的图标被固定在底部。屏幕上方有一个状态栏能显示一些有关数据，如时间电池电量和信号强度等。其余的屏幕用于显示当前的应用程序。

启动iPhone应用程序的唯一方法就是在当前屏幕上点击该程序的图标，退出程序则是按下屏幕下方的Home键。在第三方软件退出后，它直接就被关闭了，但在iOS及后续版本中，当第三方软件收到了新的信息时，Apple的服务器将把这些通知推送至iPhone、iPad或iPod Touch上，而不受其运行状态的限制。在iOS 5中，通知中心将这些通知汇总在一起。iOS 6提供了"请勿打扰"模式来隐藏通知。在iPhone上，许多应用程序之间无法直接调用对方的资源。然而，不同的应用程序仍能通过特定方式分享同一个信息，例如当你收到了包括一个电话号码的短信息时，你可以选择是将这个电话号码存为联络人或是直接选择这个号码打一通电话。iPhone的iOS系统的开发需要用到控件。开发者在iOS平台会遇到界面和交互如何展现的问题，控件解决了这个问题。使得iPhone的用户界面相对于老式手机，更加友好灵活，并便于用户使用（图6-10）。

（a）

（b）

图6-9　iOS系统　　　　图6-10　iOS设备

（a）

（b）

图6-11　界面窗口

图6-12　Siri交互系统

二、界面交互系统

1. 窗口视图

iPhone的规则是一个窗口，多个视图，窗口是用户在App显示中所能看到的最底层，它是固定不变的，窗口视图是用户构建界面的基础，所有的控件都是在这个页面上画出来的，可以通过UIView增加控件，并利用控件和用户进行交互和传递数据。窗口和视图是最基本的类，创建任何类型的用户界面都要用到。窗口表示屏幕上的一个几何区域，而视图类则用其自身的功能画出不同的控件，如导航栏，按钮都是附着视图类之上的，而一个视图则链接到一个窗口，交互方式支持旋转、点击、触摸等多种的形式（图6-11）。

2. 语音系统

在iOS设备中，Siri仿佛是为用户进行界面交互的助理，用户可以利用语音来完成发送信息。只要说出你想做的事，Siri就能帮你办到：安排会议、查看最新比分等更多事务。Siri可以听懂你说的话并有所回应。iOS 7中的Siri拥有新外观、新声音和新功能。它的界面经过重新设计，以淡入视图浮现于任意屏幕画面的最上层，回答问题的速度更快，还能查询更多信息源，如维基百科。它可以承担更多任务，如回电话、播放语音邮件、调节屏幕亮度和更多（图6-12）。

3. 界面交互

iOS设备界面中交互部分形式多样，例如控制中心、通知中心和App Store等，控制中心为用户建立起了一个快速交互通道，便于快速使用那些随时急需的控制选项和App。只需从任意屏幕包括锁定屏幕，向上轻扫，即可切换到飞行模式，打开或关闭无线局域网，调整屏幕亮度等等，用户还可以使用全新的手电筒进行照明。如此众多的操控，只需滑动屏幕这样轻松便捷的交互形式就能实现。用户可以打开或关闭飞行模式、无线局域网、蓝牙和勿扰模式，按照锁定屏幕的方向或调整它的亮度，播放、暂停或跳过一首歌曲，连接支持AirPlay的设备，还能快速使用手电筒、定时器、计算器和相机。通知中心主要负责设备信息输出的交互操作，可让用户随时掌握新邮件、未接来电、待办事项和更多信息。例如：一个名为"今天"的新功能可为用户总结今日的动态信息，十分便捷。扫一眼设备屏幕，就可以从中获取知道今天是什么节日、出行交通状况。天气状况等信息，甚至还能收到关于明天的提醒。用户可以通过滑动屏幕访问通知中心。运用简单的操作形式即可迅速掌握各类动态信息。

另外还有多任务管理器，便于用户对于界面的访问。多任务处理

（a）

（b）

图6-13　设备界面交互

是一个在各个App之间切换的捷径。用户和设备之间的交互甚至已经到了心理层次因为iOS 7会了解用户喜欢何时使用App，并在用户启动App之前更新其内容。例如：用户经常在上午10点查看微博内容，那么所关注的相关内容届时将准备就绪。这就是iOS 7的多任务处理功能，实现更加贴合用户的交互体验。点按两次主屏幕按钮，即可查看已经打开的App的预览屏幕。若要退出一款App，只需向上轻扫，将它移出预览模式（图6-13）。

苹果界面的设计理念较倾向于用户操作心理，大部分设计都是依照操作从简为原则。在UI元素的风格上带动了扁平化趋势，调整了构成元素的质感，以更为独特的外观，为用户提供更好的视觉体验。在实用性上打造符合用户操作心理的界面操作，例如Siri的语音服务，创造出更贴近人们生活的交互体验。

第三节　Windows系统

一、系统简介

Microsoft Windows是美国微软公司研发的一套操作系统，问世于1985年，起初仅仅是Microsoft-DOS模拟环境，后续的系统版本由于微软不断的更新升级，不但易用，也慢慢的成为家家户户人们最喜爱的操作系统。Windows采用的图形交互模式化模式比起从前的DOS需要键入指令使用的方式更为人性化。其中Windows 1.0是微软公司第一次对个人电脑操作平台进行用户图形界面的尝试，随着电脑硬件和软件的不断升级，微软的Windows也在不断升级，不断持续更新，研发能为用户打来更佳体验感的交互系统（图6-14）。

面对Windows的用户界面，鼠标起到交互媒介

图6-14　Windows界面

的作用，因此得到特别重视，用户可以通过点击鼠标完成大部分的操作。

二、界面交互系统

1. Windows 1.0～Windows 3.0

Windows 1.0为一些自带的简单应用程序设置了UI图标，包括日历、记事本、计算器等。Windows 1.0的另外一个显著特点就是允许用户同时执行多个程序，并在各个程序之间进行切换。在视觉上Windows 1.0可以显示256种颜色，窗口可以任意缩放，当窗口最小化的时候桌面上会有专门的空间放置这些窗口，它们的性质也就是现在的任务栏。在Windows 1.0中已经出现了控制面板，对于驱动程序、虚拟内存有了明确的定义，不过功能非

常有限；Windows2.0的交互操作中，用户不但可以缩放窗口，而且可以在桌面上同时显示多个窗口。Windows 2.0的另外一个重大突破是在1987年的年底，微软为Windows 2.0增加了386扩展模式支持，Windows第一次跳出了640K基地址内存的束缚，更多的内存可以充分发挥Windows的优势；Windows 3.0在用户界面的人性化方面的巨大改进，获得了较好的用户体验评价。之后微软公司趁热打铁，于1991年10月发布了Windows 3.0的多语版本，为命令行式操作系统编写的MS-DOS下的程序可以在窗口中运行，以确保程序可以在多任务基础上可以使用。Windows 3.0极大改善了系统的可扩展性，在图片显示效果上大有长进。微软在用户界面上与苹果公司特立独行的风格形成鲜明对照。另外Windows 3.0使用了一组新的图标，还添加了对声音输入输出的基本多媒体和一个CD音频播放器的硬件支持，以及对桌面出版很有用的TrueType字体。这个版本开始可以播放音频、视频、屏幕保护程序（图6-15）。

2. Windows 95

Windows 95带来了更强大的、更稳定、更实用的桌面图形用户界面。Windows 95标明了一个"开始"按钮的介绍以及桌面个人电脑桌面上的工具条，这样的界面元素一直保留到Windows后来所有的产品中。虽然到了Windows 8开始菜单变成了开始屏幕，但是从Windows 95开始一直保留着开始的风

（a）　　　　　　　　　　　（b）

图6-15　Windows 3.0

格；Windows 98采用了统一并简化桌面样式，使用户能够更快捷简易地查找及浏览存储在个人电脑及网上的信息，其次速度更快，稳定性更佳。通过提供全新自我维护和更新功能，Windows98可以免去用户的许多系统管理工作，使用户专注于工作或游戏。Windows98在界面交互元素中第一次加入了"快速启动"，后来沿用至Windows Vista，被Windows 7中的"固定在任务栏"取代（图6-16、图6-17）。

3. Windows XP

Windows XP带有用户图形的登录界面，全新的XP亮丽桌面，用户若怀旧以前桌面可以换成传统桌面。此外，Windows XP还引入了一个"选择任务"的用户界面，使得工具条可以访问任务的具体细节。它的用户界面经过重新设计，以易用性为核心，具有

统一的帮助和支持服务中心。对于用户而言它既快速又稳定。对"开始"菜单、任务栏和控制面板的导航更加直观。在那个越来越多的人意识到计算机病毒和黑客的危害的时候，在线提供安全更新在某种程度上缓解了人们在这方面的恐惧心理。消费者开始理解有关可疑附件和病毒的警告。并且人们更加关注帮助和支持，从而增强了可靠性、安全性和性能。

Windows XP Home Edition提供了清晰、简化的可视化设计，从而可以更加方便地访问常用功能。还有针对家庭使用而设计，提供了网络安装向导和增强数字照片功能等增强功能（图6-18）。

4. Windows 7

Windows 7在界面上做了许多方便用户的设计，如快速最大化，窗口半屏显示、跳转列表、系

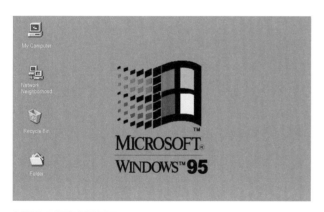

图6-16　Windows 95

图6-17　Windows 98

（a）

（b）

图6-18　Windows XP

统故障快速修复、可拖动任务栏等，这些新功能令Windows 7成为最易用的Windows。

在性能上Windows 7大幅缩减了Windows的启动时间，据实测，在2008年的中低端配置下运行，系统加载时间一般不超过20s。Windows 7将会让搜索和使用信息更加简单，包括本地、网络和互联网搜索功能，直观的用户体验将更加高级，还会整合自动化应用程序提交和交叉程序数据透明性（图6-19）。

5. Windows 8

微软对于Windows 8的系统进行重大调整，改革性的在任务栏上取消了开始按钮。Windows 8的基本目标是在平板和桌面电脑上创造同样好的用户体验，但它太注重移动设备了，以至于某些功能很不好用。Windows 8用户界面的核心是新的开始页面，用户所有的程序都以卡片的形式被展示出来，并可以通过触摸点击而启动。Windows 8支持两类应用。一类是传统的Windows应用，这类应用在桌面上运行，更类似于移动应用，在运行时全屏，这种应用又叫metro应用。作为Windows 8的一部分，IE10已经被配置成这种模式，其他一些用于查看股票行情和天气的应用也被配置成这种模式。而由于"开始"菜单的取消，导致许多用户不愿升级，科技发展迅速，用户适应新的操作界面需要时间（图6-20）。

6. Windows 10

Windows 10是微软新一代操作系统。与着重强调触控操作友好性的Windows 8不同，传统用

（a）

（b）

图6-19　Windows 7

（a）

（b）

图6-20　Windows 8

（a）

（b）

图6-21　Windows 10

户熟悉的开始菜单和系统桌面将重归Windows 10中。Windows 8过分强调触控操作的体验，获得了并不理想的用户体验反馈，其中最重要的一条便是没有了开始菜单，也就没有了Windows的"经典"。Windows 10操作系统对桌面环境进行了丰富的改进，包括全新的开始菜单、新增虚拟桌面、新的多任务视图和新的窗口停靠Snap模式。新系统中加入的"任务查看"按键及相关功能也是微软重点介绍的新特性之一。这个功能类似苹果OS X的Expose，能将所有已开启窗口缩放并排列，以方便用户迅速找到目标任务。

此外微软也从对手操作系统，如OS X和Linux等，借鉴了所谓的"Multiple desktops"功能。该功能可让用户在同个操作系统下使用多个桌面环境，即用户可以根据自己的需要，在不同桌面环境间进行切换。当然，微软为了能让Windows在该功能上有别于其它系统，还特别在"任务查看"模式中增加了应用排列建议选择——即不同的窗口会以某种推荐的排版显示在桌面环境中（图6-21）。

Windows系统的交互方式灵活便捷，样式敢于创新，真正的做到了走在科技的风口浪尖。Windows操作系统的用户界面设计经历了取消开始按钮到开始按钮隐藏化的发展过程，也许敢于创新这样的设计理念的确符合UI设计与时代同行的特点，但不考虑用户操作心理，贸然改变常规的界面设计未免太过冒险。在往后的设计中，Windows展现出的交互设计界面引导性更贴合、用户主动性更强。

课后练习

1. 安卓操作系统的用户界面有哪些特点？
2. 举例说明安卓和iOS系统在用户界面设计的理念上有哪些不同。
3. 结合实例，对Windows操作系统的界面进行分析。
4. 试想一下未来交互发展的趋势。
5. 选择1款常用的软件，分析它在用户界面的设计上遵循哪些原则。

参考文献
REFERENCES

［1］（日）原田秀司. 多设备时代的UI设计法则：打造完美体验的用户界面［M］. 北京：中国青年出版社，2016.

［2］（日）中村聪史，搞砸了的设计随处可见的BAD UI［M］. 北京：人民邮电出版社，2016.

［3］（美）拉杰拉尔. UI设计黄金法则［M］. 北京：中国青年出版社，2014.

［4］（美）Wallace Jackson. 精通Android UI设计［M］. 北京：清华大学出版社，2016.

［5］常丽. 潮流UI设计必修课［M］. 北京：人民邮电出版社，2015.

［6］设计手绘教育中心. UI设计手绘表现从入门到精通［M］. 北京：人民邮电出版社，2017.

［7］蒋珍珍. Photoshop移动UI设计从入门到精通［M］. 北京：清华大学出版社，2017.

［8］静电. 不一样的UI设计师［M］. 北京：电子工业出版社，2017.

［9］董庆帅. UI设计师的色彩搭配手册［M］. 北京：电子工业出版社，2017.

［10］余振华. 术与道移动应用UI设计必修课［M］. 北京：人民邮电出版社，2017.

［11］Art Eyes设计工作室. 创意UI Photoshop玩转图标设计［M］. 北京：人民邮电出版社，2017.

［12］张晓景. 移动互联网之路——APP UI设计从入门到精通［M］. 北京：清华大学出版社，2016.

［13］韩广良，王明佳，武治国. Photoshop网站UI设计全程揭秘［M］. 北京：清华大学出版社，2014.

［14］数字艺术教育研究室. UI设计参考手册［M］. 北京：人民邮电出版社，2016.

［15］盛意文化. 网页UI设计之道［M］. 北京：电子工业出版社，2015.

［16］师维. 游戏UI设计：修炼之道［M］. 北京：电子工业出版社，2018.